Ulrich Walter

Höllenritt durch Raum und Zeit

Ulrich Walter

Höllenritt durch Raum und Zeit

Astronaut Ulrich Walter erklärt die Raumfahrt

KOMPLETTMEDIA

Leserhinweise:

Multiplikationen:
Auch dieses Buch kommt nicht ganz ohne Formeln aus. Für die Multiplikation zweier Zahlen stellt × das Rechenzeichen dar. Beispiel: 2×10^{10}. Bei Variablenprodukten hat der Autor als Rechenzeichen den Punkt genutzt. Beispiel: × · y

Erstellungszeitraum:
Dieses Buch entstand zwischen 2014 und 2017. Bis zum Redaktionsschluss des Buches haben wir die Texte an den aktuellen Stand der Wissenschaft angepasst. Da sich dieser jeden Tag ändert, sehen Sie das Buch bitte als Momentaufnahme.

Originalausgabe

Originalausgabe
2. Auflage 2017

www.komplett-media.de
ISBN Print: 978-3-8312-0450-2
Auch als E-Book erhältlich

Umschlaggestaltung: X-Design, München
Lektorat: Redaktionsbüro Diana Napolitano, Augsburg; Ulrike Klein, Berlin
Satz und Layout: Daniel Förster, Belgern
Druck & Bindung: CPI Books, Leck
Printed in the EU

INHALT

HÖLLENRITT INS ALL – ABGESCHNITTEN VON DER WELT

1

Kennedy Space Center, Florida/USA, Shuttle Launch Pad 39A, 26. April 1993, 9:50h EST (Eastern Standard Time, Standardzeit an der Ostküste der USA)

Da liege ich nun, auf dem Rücken, die Beine angewinkelt nach oben, etwa 60 Meter über der Erde im Middeck unserer 2000 Tonnen schweren Columbia, eine der amerikanischen Raumfähren, die uns sieben Astronauten in wenigen Sekunden in den Weltraum bringen soll. Dies ist der Ort und der Zeitpunkt, auf den ich jahrelang hingearbeitet habe. Ich schließe das Visier und ... höre nichts mehr! Nur noch den aufs Notwendigste reduzierten, stakkatoartigen Funkverkehr des Air-to-Ground kann ich wahrnehmen. Man ist wie von der Außenwelt abgeschnitten. Man hört nichts mehr, und im Middeck, wo mein Platz beim Start ist, sieht man auch nichts, bis auf die Schubladenwand vor, beziehungsweise über einem, auf die man dauernd starren muss und von der man hofft, dass sie beim Start nicht zufälligerweise eine ihrer Schubladen entlässt.

Start des Space Shuttles Columbia auf der Startrampe 39A des Kennedy-Space Centers. (Bild: NASA)

Doch dann der Start! Sechs Sekunden vor dem Abheben werden die drei Flüssigkeitstriebwerke am Shuttle gezündet. Dadurch schwingt das senkrecht stehende Shuttle leicht zur Seite, weil es über Bolzen an den beiden weißen, einige Meter abgesetzten Feststoffboostern noch am Boden gehalten wird. Daher schwingen in diesen sechs Sekunden auch die Astronauten wie in einer Schiffsschaukel zunächst etwa 1,5 Meter nach vorn und dann wieder zurück – was man sehr deutlich spürt. Dabei vibriert und schüttelt das Shuttle dermaßen, dass es einem durch Mark und Bein geht, genauso wie bei einem Erdbeben.

Und dann hört man über Funk nur: »SRB Ignition – Lift-Off!«

Die Solid-Rocket-Booster (Feststoffbooster) werden gezündet womit gleichzeitig das Shuttle abhebt. Ich, der drinnen sitzt, höre nichts von dem überwältigenden Gedonner, das draußen den Zuschauern das Zwerchfell beben lässt (das IMAX-Kino übertreibt hier etwas) und vom hellen, peitschenden Krachen der Feststoffbooster (das ich andererseits im IMAX vermisse).

Das Shuttle hat abgehoben … und was spürt man? Von 3 g, der berüchtigten starken Beschleunigung von der dreifachen Stärke der Erdanziehung, keine Spur! Der Schub der Antriebe, immerhin zweimal 1200 Tonnen Schub der beiden Feststoffraketen plus dreimal 185 Tonnen Schub der drei Flüssigkeitsantriebe, übersteigt die 2000 Tonnen des ganzen Systems zwar um großzügige 50 %; aber die Beschleunigung ist nicht stärker als die bei einem Flugzeugstart.

Die Feststoffraketen sind jetzt die Arbeitspferde, die das Shuttle durch die Wolkendecke drücken, und ihre Urgewalt bestimmt das Erlebnis der ersten zwei Minuten des Aufstiegs. Ihr leicht ungleichmäßiges Abbrennen, bedingt durch eine inhomogene Verteilung des Treibstoffes, versetzen dem Shuttle schnelle, starke Beschleunigungsschläge, die es durch und durch erschüttern und zu unregelmäßigem Schwingen anregen. Alles an Bord des Shuttles wird gnadenlos durchgeschüttelt. Es ist ein Ritt wie mit 100 Sachen über Kopfsteinpflaster – und es herrscht schweigende Stille. Nur ganz wenige Worte werden zwischen der Missionskontrolle und dem Commander gewechselt. Jeder der Beteiligten weiß, dass dies der

Die Columbia auf ihrem Weg ins All durchschlägt die Wolkendecke in etwa 5 km Höhe. (Bild: NASA)

mit Abstand kritischste Moment der ganzen Mission ist. Wenn jetzt etwas Unvorhergesehenes passiert, gibt es absolut keine Rettung. Auch die vielen Verbesserungen nach der Challenger-Katastrophe im Jahre 1986 haben daran nichts geändert. Feststoffraketen sind wie Silvesterraketen – sie lassen sich nicht abschalten. Selbst ein Absprengen der Booster würde nichts helfen! Ihre Schubkraft ist so enorm, dass der hohe Luftwiderstand beim plötzlich ausbleibenden Schub dem ganzen Shuttlesystem einen solchen Schlag versetzen und das gesamte Shuttle auseinanderbrechen würde! Sollte sich also, wie damals bei Challenger, der Feuerstrahl eines porös gewordenen Boosters wie ein Schneidbrenner in den externen Tank brennen – es ließe sich damals wie heute nichts dagegen tun. In diesen zwei Minuten ist die Besatzung dem Shuttle auf Gedeih und Verderb ausgeliefert. Daher diese wortlose Stille.

AB JETZT KEIN ZURÜCK MEHR

Die Beschleunigung, die Kraft, mit der man in den Sitz gepresst wird, hat zwischenzeitlich in dem Maße langsam zugenommen, in dem das Shuttlesystem um den abgebrannten Treibstoff leichter geworden ist. Kurz vor dem Abschlussbrand der Feststoffbooster, genau zwei Minuten nach dem Abheben, sind 1,8 g, also das 1,8-fache der Erdschwere, erreicht. Der Schub der ausgebrannten Booster geht schnell auf null zurück, und gleich darauf werden sie abgesprengt.

Ist das vorüber, geht ein Aufatmen durch das Shuttle. Der eine oder andere kann sich ein »Jeahhh« nicht unterdrücken und jeder denkt genauso: Die größte Gefahr ist vorbei! Die Probleme, die jetzt noch auftreten könnten, lassen sich alle irgendwie meistern, sie wären nicht mehr so lebensbedrohlich.

Nach diesem befreienden Schubloch, in dem die Booster abgesprengt wurden, erzeugen nur noch die Flüssigkeitsantriebe den Schub. Ihr Abbrand ist wesentlich gleichmäßiger als der der Booster. Man hat außerdem schon die dichten, turbulenteren Bereiche der Atmosphäre verlassen. Es sind kaum mehr Vibrationen zu spüren. Die ganze harmonische Kraft der Antriebe äußert sich jetzt ausschließlich in dem stetig zunehmenden Andruck in den Sitz. Nach 4 Minuten 20 Sekunden kommt der »Negative Return Call« (was bedeutet, dass im Ernstfall eine Rückkehr nach Kennedy Space Center und eine dortige Landung nicht mehr möglich wäre) von der Missionskontrolle Houston.

Nach insgesamt 7 Minuten, wenn der riesige, rostrote externe Tank zu 90 % entleert und das Shuttlesystem weniger als 200 Tonnen leicht geworden ist, erst dann hat der Andruck durch den Schub der drei Flüssigkeitsantriebe auf 3 g zugenommen, sodass man sich zwingen muss zu atmen, weil es einfach angenehmer ist, nicht zu atmen – trotz Atemnot –, als durch die Atmung den Brustkorb mitsamt dem schweren Anzug nach oben zu stemmen.

Die Antriebe werden nun gedrosselt und es geht noch 1½ Minuten bei diesen 3 g weiter. Dann, kurz bevor der Tank vollkommen entleert ist, lässt der Commander wissen: »In 10 seconds we have MECO« (Main Engines Cut-Off), und innerhalb nur weniger Sekunden fährt er den vollen Schub auf null herunter. Genauso plötzlich entlädt sich der Andruck von 3 g in die Schwerelosigkeit – ich bin im Weltraum!

Nach nur 8½ Minuten ist das Shuttle im Weltraum und schwebt mit weit geöffneten Ladebuchtluken (zur Kühlung) in nur etwa 350 km Höhe. (Bild: NASA)

Hier im Weltraum ist man sofort eingefangen von der Schwerelosigkeit, einem Gefühl, das es auf der Erde in dieser Form nie gibt. Zunächst macht sich diese neue Erfahrung bei etwa 70% aller Raumfahrer gar nicht wohltuend bemerkbar, sie leiden deswegen vielmehr an der Weltraumkrankheit. Man merkt es auch selbst: Bei jeder schnellen Drehung des Körpers, bei jeder schnellen Kopfbewegung wird einem mulmig. Als erste Gegenmaßnahme ziehen viele unwillkürlich den Kopf zwischen die Schultern, was die Kopfbewegungen stark einschränkt. Das mildert, verhindert jedoch nicht grundsätzlich den Gang des letzten Essens nach oben. Zurückhalten macht die Sache nur noch langwieriger. Ein Griff zur Tüte in der Brusttasche und einmal den Dingen freien Lauf lassen. Bei vielen gesellen sich noch Kopfschmerzen, Rückenschmerzen, anhaltendes Unwohlsein dazu. Die, bei denen absolut nichts mehr geht, lassen sich von ihrem Kollegen eine Spritze mit Phenagran (ein Seditativ) setzen, von ihrem Commander vorläufig »arbeitsunfähig« schreiben und suchen sich zum Auskurieren der Raumkrankheitssymptome für die nächsten Stunden ein ruhiges Eckchen – am besten ihre Schlafkoje.

Nun die gute Nachricht: Nach spätestens 36 Stunden ist alles vorbei, und dann kann man die Schwerelosigkeit so richtig genießen. Schließt man nun in Ruhe die Augen und lässt sich langsam durch den Raum driften, die Arme und Beine in ganz lockerer Haltung leicht angewinkelt, dann gibt es nichts, was einen noch beeinflussen könnte, und man kann sich vollkommen auf das eigene Empfinden konzentrieren.

DAS GEFÜHL DER SCHWERELOSIGKEIT

Ich hatte zunächst das Gefühl, als wiederhole sich ein Traum. In meiner Jugend träumte ich oft, ich liefe vor unserem Haus eine abschüssige Straße hinunter. Ich wurde leichter und leichter, und irgendwann hob ich ab und schwebte. Ich flog nicht, ich schwebte, und nirgendwo sonst hatte ich im täglichen Leben je dieses Gefühl. Und genau dieses Gefühl, das ich während des Traumes hatte, ist nahezu identisch zu dem in der Schwerelosigkeit. Es ist unter Psychologen bekannt, dass der Traum vom Laufen, Abheben und Schweben unter den Menschen sehr verbreitet ist. Ist also dieser Traum eine unbewusste Erfahrung der Schwerelosigkeit? Wie kann der Körper etwas sehr Realistisches träumen, was er nie wirklich erfahren hat? Oder ist dieser Traum eine lustvolle Variante des Verstandes auf die kurze, aber gefährliche Schwerelosigkeitserfahrung »Fallen« im Alltag?

Der Autor Ulrich Walter schwerelos auf seiner D2-Shuttle-Mission im Jahre 1993. (Bild: NASA/Ulrich Walter)

Was empfindet man im Zustand der Schwerelosigkeit? Zunächst fällt auf, dass etwas Wichtiges fehlt. In welchem Bezug zur Umgebung befinde ich mich gerade? Wo ist die Decke mit den Lampen und wo der Boden? Ich weiß es nicht mehr. Ich habe auch kein Gefühl mehr dafür – und ein Oben und Unten gibt es tatsächlich nicht mehr! Diese fehlende Beziehung ändert mein Empfinden radikal. Ich fühle mich nicht mehr in eine Welt eingebettet, die mich gerade noch umgab, sondern alles Sein reduziert sich nur noch auf mich. Wie kann es etwas anderes geben, zu dem ich keinerlei Beziehung mehr habe? Und selbst wenn es da irgendwo etwas gibt, ist es dann nicht dasselbe, als wenn es das nicht gäbe? Ich habe das elementare Gefühl, allein zu *sein*. Ich bin die Welt – sonst nichts!

Diese Hinwendung auf das Ich lässt einen nur noch mehr in sich hineinhorchen. Was hat sich an mir geändert? Mir fällt auf, dass nichts mehr belastet. Auch die Kleidung, die einen immer noch wärmt, ist schwerelos und schwebt wie eine Hülle um den eigenen Körper und liegt fast nirgendwo mehr auf. Das ist so eigenartig und ungewöhnlich, dass man mit den Schultern ein wenig wackelt, um zu fühlen, ob die Kleidung noch da ist.

Aber nicht nur die Last der Kleidung fehlt, auch die Last des eigenen Körpers ist verschwunden. Kein Körperdruck mehr auf die Fußsohlen wie beim Stehen oder auf den Allerwertesten beim Sitzen auf der Erde. Die Arme liegen nirgendwo auf wie sonst immer. Es ist schon eigenartig: Erst in dieser Situation, wo man absolut nichts mehr vom Körper verspürt, erkennt man umfassend, welche Belastungen der Körper auf der Erde wirklich hat, obwohl es doch genau umgekehrt sein sollte! Erst nach dieser Erfahrung wird mir heute das kaum spürbare Herunterhängen der Wangen bewusst. Und dieses leichte Schmetterlingsgefühl in meiner Magengegend ist, wie ich heute weiß, das Ziehen der Eingeweide unter dem Einfluss der Erdschwere. In der Schwerelosigkeit ist einfach absolut nichts mehr davon da. Man ist im wahrsten Sinne des Wortes »vollkommen unbeschwert«.

Vollkommen unbeschwert. Woran merke ich dann eigentlich noch, ob ich einen Körper habe, wenn nicht an diesen äußeren Eindrücken? Und die eigene Antwort ist verblüffend: Es scheint so, als gäbe es ihn tatsächlich nicht mehr! Nichts, aber auch gar nichts, deutet mehr auf ihn hin. Eigenartig, ein Sein ohne Körper! Aber was ist denn dann noch das, was ich als mein Sein empfinde? Auf der Erde hatte ich meinen Körper, und im Nachhinein erst merke ich, wie ich in der Erdschwere mein eigenes Sein doch nur über die Erfahrung des eigenen Körpers definierte. Ich wackle leicht mit den Schultern und tippe mit beiden Daumen auf die Zeigefinger. Jawohl, da ist er noch – da bin *ich* noch! Doch nun, ohne ihn, bin ich noch da? Natürlich bin ich noch da, ich spüre es, sonst könnte ich mir diese Frage nicht stellen! Aber genau das ist es! Das einzige, was mir bleibt, was mich ausmacht, ist das Denken. Ich denke, also bin ich! Das ist das Besondere an der Schwerelosigkeit: Sie reduziert, auf einen selbst, auf den Geist.

UND DANN IST DA NOCH DER UNBESCHREIBLICH SCHÖNE BLICK AUF DIE ERDE

Erwartungsvoll schaue ich hinaus und sehe ... Wasser! Nichts als tiefblaues Wasser! Meine tägliche Erfahrung, nach der die Erde praktisch nur aus Land besteht, wird zutiefst erschüttert. Zwei Drittel der Erdoberfläche sind Wasser und nicht Land! Hier begreife ich es wirklich. Wahrscheinlich ist es der Pazifische Ozean und dabei wird es für die nächste halbe Stunde, also die nächsten 15.000 km, auch bleiben. Das Wenige, was man sieht, reicht aber vorerst zum Staunen. Strahlend weiße Wolkenformationen verschleiern kunstvoll das Blau des Meeres. Man könnte meinen, die Erde im Weltraum sei einer bayerischen Laune entsprungen: Die Wolken zusammen mit dem Meer bilden eine Komposition in den bayerischen Nationalfarben vor dem pechschwarzen Hintergrund des Alls.

Aus der Entfernung von 300 km ist die Erde zwar noch nicht als ganze Kugel zu sehen, aber die Erdkrümmung läuft bei richtiger Anordnung der Fenster gerade am oberen Gesichtsfeld entlang. Jetzt sieht man auch erstmals, was es bedeutet, dass der Durchmesser der Erde zwar 12.750 km beträgt, die Atmosphäre aber nur etwa 20 km dünn ist. Bei diesem ins Auge springenden Größenvergleich erscheint unsere irdische Schutzhülle wie eine hauchdünne Reifschicht, so zerbrechlich, dass man glauben könnte, der geringste Windhauch genüge, sie einfach wegzufegen und jede Berührung, jede kleinste Beeinflussung hinterließe schwere Kratzer. Und in dieser gebrechlichen, zarten Schicht spielt sich all das ab, was wir Leben nennen. Das Leben, ein Balanceakt zwischen der mächtigen, undurchdringbaren Masse Erde und – ein Blick zur Seite – dem lebensfeindlichen Nichts des Alls! Der Mensch bewohnt nicht einmal die ganze Erde. Die Menschheit ist lediglich ein unscheinbarer Bazillus auf einer die Erde umspannenden Seifenblase im unendlichen Meer des Universums.

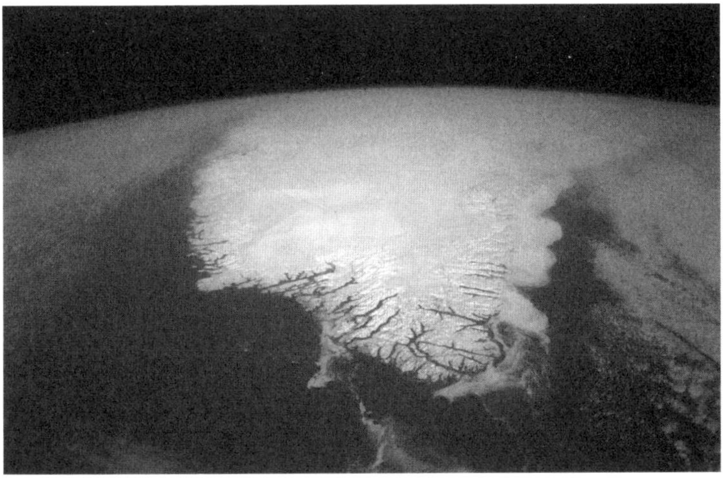

Die Südspitze von Grönland umgeben vom Atlantischen Ozean. Die optisch nur 20 km dicke Erdatmosphäre liegt wie eine Rauhreifschicht auf der Erde. (Bild: NASA/Ulrich Walter)

Nach einigen Tagen kennt man jedoch dann »seine« Erde, und man beginnt, Zusammenhänge zu sehen, übergreifende Eigenschaften, wie man sie vorher nie erwartet hätte. Man hat beispielsweise gelernt, Kontinente an ihren Farben zu erkennen. Wann immer man hinunterschaut und Land sieht, weiß man, über welchem Erdteil man sich gerade befindet, denn jeder Erdteil hat seine charakteristische Farbe! Südamerika etwa ist dunkelgrün. Die Farbe des Regenwaldes dominiert diesen Kontinent. Afrika mit seiner ausgedehnten Wüste Sahara und den angrenzenden Steppen und Savannen präsentiert sich in einem ockerbraunen Ton. Australien: der gesamte Kontinent ein tiefes Purpurrot! Indonesien mit seinen vielen Inseln, dessen Regenwald stets im Dunst liegt, ebenfalls ein dunkelgrünes

Farbmeer. Europa? Im Süden noch ein freundliches Hellbraun, ansonsten nur graugrün – sollten die ebenso trostlosen Wolken ausnahmsweise einmal den Blick auf den Boden freigeben. Selbst die Wolken, ein trostloses Grau. Und hier beginnt man erstmals, die einfache aber zutreffende astronautische Faustregel abzuleiten: *Dort, wo der Mensch nicht leben kann, in den Eis- und Sandwüsten, ist die Welt wunderschön und dort, wo der Mensch lebt, leben kann, ist die Welt nicht oder auch nicht mehr so schön!*

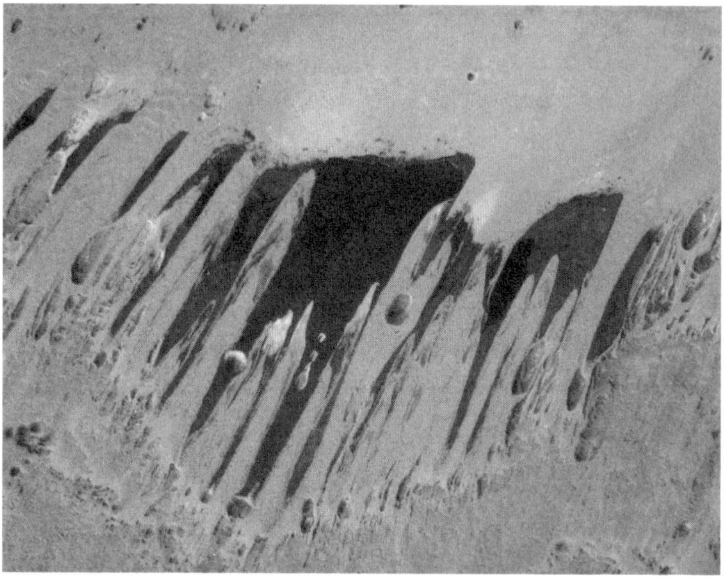

Die Seen von Ounianga in der Sahara im Norden des Tschad. (Bild: NASA)

Es ist darüber hinaus sehr befriedigend zu sehen, wie nichtig die anscheinend wichtigen menschlichen Probleme sind. Die Nachrichten im Fernsehen, voll von staatlichen und kriegerischen wie diplomatischen Auseinandersetzungen. Aus dem Weltraum hat die Erde ein ganz anderes Gesicht. Für sie zählt der Mensch nichts. Sie käme auch gut, vielleicht besser, ohne ihn aus. In ihrer stoischen Ruhe sind die Menschen für sie von der Bedeutung, die Bakterien für den Menschen haben. Staatliche Grenzen? Nichts dergleichen prägt die Erde. Grenzen existieren nur in unserem Kopf, infiltriert seit den ersten Schultagen! Was zählt, sind Länder und Kontinente. Zwei Ausnahmen vielleicht: Die schnurgerade Grenze zwischen Israel und Ägypten – sie verläuft sichtbar am östlichen Rande des Sinai, und die ebenso geradlinige Grenze zwischen Angola und Namibia, 200 km nördlich der Etosha-Pfanne in Südwest-Afrika. Hier wie dort ist es jedoch nicht die Grenze selbst, die erkennbar wird, sondern der krasse Gegensatz zwischen der ausgedehnten Landnutzung zwischen den angrenzenden Staaten.

FASZINATION DER NACHT

Der Eintritt der dreiviertelstündigen Nacht mag für den Astronauten, der einfach nur die Erde betrachten will, im ersten Augenblick verschenkte Zeit sein. Wenig später, wenn sich seine Augen an die Dunkelheit gewöhnt haben, ist die Erde bei Nacht ein ganz besonderes Schauspiel.

Sonnenuntergang aufgenommen vom Autor Ulrich Walter während seiner 160 Erdumrundungen. (Bild: NASA/Ulrich Walter)

Da sind zunächst die abendlichen Wärmegewitter, die sich bis in den irdischen Morgen hineinziehen. Das Lichterspiel der durch die Wolken gedämpften Blitze erinnert mich in zweifacher Hinsicht an das vom Flugzeug aus zu sehende Aufblitzen detonierender Bomben bei Nachtangriffen in alten Filmen des Zweiten Weltkriegs. Trotz ihrer zerstörerischen Wirkung geht von ihnen ein magisch-fesselnder Zauber aus. Ohne Zusammenhang blitzt es in schnellem Wechsel, mal hier, mal dort, auf. Manchmal bildet sich aber ein Blitz, der bis zu hundert Kilometer weit durch die Wolken zuckt und dabei eine schlängelnde Spur zieht. Im Gegensatz zum furchterregenden Gewitter auf der Erde hinterlässt ein Gewitter aus dem Weltraum betrachtet einen eher gespenstischen Eindruck, denn ihm fehlt hier oben eine sehr irdische Zutat – der Donner!

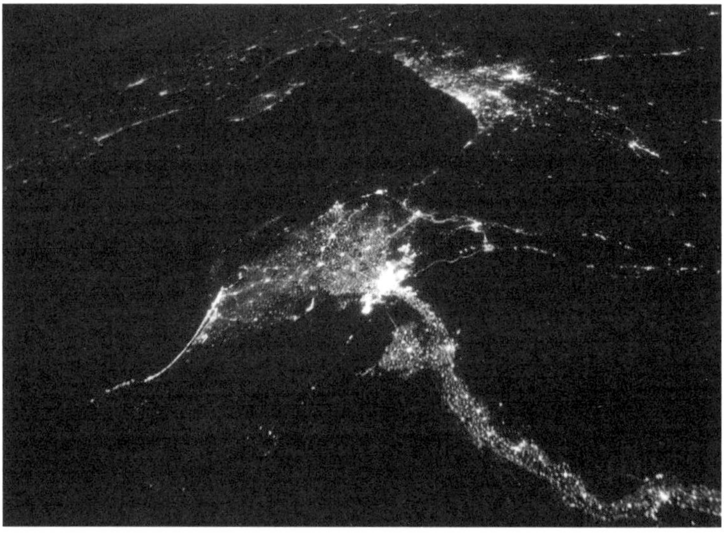

Nachtaufnahme vom Nildelta (Bildmitte), das mit dem gleißend hellen Kairo in den punktierten (Städte) Streifen des Niltals (unten rechts) übergeht. Beim hellen Küstenstreifen oben rechts handelt es sich um Israel und Libanon mit der prominenten Stadt Tel Aviv direkt an der Mittelmeerküste (schwarzer Rand links vom Streifen). Der kürzere helle Streifen weiter östlich (rechts) ist der Großraum Jerusalem. Am linken oberen Bildrand die Türkei und darunter die Insel Zypern. (Bild: NASA/Ulrich Walter)

Sollten Außerirdische nach dem Augenschein je den Schluss ziehen, die Erde sei mit intelligenten Wesen bewohnt – wobei sich darüber streiten ließe, ob es wirklich Intelligenz auf der Erde gibt –, dann kommt ihnen diese Einsicht sicherlich, wenn es Nacht ist auf der Erde. Denn nachts, wenn nicht gerade Wolken die Sicht nehmen, bestimmt der Mensch das Bild der Erde.

Diese grellen, scharf begrenzten Lichter der Städte, verbunden mit ihren Vorstädten durch die Spinnenfäden der Straßenlichter, sind ein markantes Zeichen für die Existenz höherer Wesen. Der Mensch hat sich die Nacht untertan gemacht. Nirgendwo sieht man dies deutlicher als aus dem All. Die Zivilisation präsentiert sich als verzweigtes Lymphsystem, das das Land durchzieht und das Meer rändert, weil gerade Küsten von Menschen bevorzugt bewohnt werden.

Milchstraße. Dieses Wort erhält seine ureigenste Bedeutung im Weltraum zurück. Um die Pracht des Sternenhimmels in voller Schönheit genießen zu können, müssen die Lichter auf dem Flugdeck allerdings ganz heruntergefahren werden. Das Faszinierende dabei ist nicht nur die enorme Vielzahl von Sternen, die sich dabei offenbart, sondern ihre erbarmungslose Klarheit. Wie feinste Nadelstiche in einem von hinten beleuchteten Samtteppich, so unverrückbar festgenagelt wirken sie am Firmament. Kein Funkeln haucht ihnen scheinbares Leben ein. Ihr stummes Dasein drückt einfach nur die unendliche Stille des Universums aus.

So schön der Blick auf die Erde auch sein mag, den allergrößten Teil der Missionszeit hat man als Astronaut und insbesondere als Wissenschaftsastronaut eigentlich der Arbeit geopfert. Aber es ist wie immer mit der Erinnerung: Nur die schönen und eindringlichen Erlebnisse bleiben haften, die monotone Arbeit wird schnell vergessen, und die Zeit vergeht im wahrsten Sinne des Wortes wie im Fluge.

ABSCHIED VOM ALL

Nach zehn arbeitsreichen, aber auch wunderbaren Missionstagen begebe ich mich zu meinem Sitz und bereite mich für den Wiedereintritt in die Erdschwere vor, indem ich wie beim Start die Checkliste durchlese, insbesondere die Cue-Card für den Notfall. Das gibt mir die Beruhigung, dass man alles fest im Griff hat.

Zum Schluss noch eine Vorsichtsmaßnahme: Damit beim ersten Aufstehen nach der Landung der Kreislauf nicht gleich zusammenbricht, sind die Astronauten angehalten, die Flüssigkeitsmenge im Körper stark zu erhöhen. Dafür müssen mehrere Salztabletten geschluckt und jede Menge Wasser nachgetrunken werden. Das Salz bindet das Wasser im Körper und lässt es nicht gleich wieder von der Niere ausscheiden. Auf jeden Fall ist diese Prozedur wesentlich angenehmer als mehrere Liter Salzwasser trinken zu müssen. Wir sind nun fertig für den Wiedereintritt in die Erdatmosphäre.

75 Minuten oder eine halbe Erdumkreisung vor der Landung dreht der Commander zunächst das Shuttle so, dass es mit dem Schwanz voraus fliegt. Für uns ist dies vollkommen belanglos, ja, man merkt es nicht einmal, da es in der Schwerelosigkeit kein Oben und Unten gibt. Exakt eine Stunde vor der Landung werden die Orbitantriebe gegen die Flugrichtung für drei Minuten gezündet, wobei die Orbitgeschwindigkeit um lediglich 300 km/h verringert wird: Statt 28.000 km/h fliegen wir jetzt also nur noch 27.700 km/h schnell. Diese scheinbar belanglose Änderung reicht jedoch aus, um das Shuttle auf einer leicht elliptischen Umlaufbahn in tiefere Schichten der Erdatmosphäre zu bringen.

Zwischenzeitlich hat der Commander das Shuttle wieder in die reguläre Fluglage gebracht und mit 35 Grad gegen die Flugrichtung angestellt. Das Shuttle verliert dabei zunehmend an Höhe, und der Bordcomputer steuert in dieser Phase des Anfluges das Shuttle so, dass die Geschwindigkeit über die nächste halbe Stunde konstant 27.700 km/h bleiben wird. Der Luftwiderstand in diesen Höhen wird also ausschließlich dazu genutzt, um die Flughöhe bei konstanter Geschwindigkeit abzubauen. Von dieser Anflugphase merkt man noch nicht viel. Die Luftwiderstandskräfte bleiben so gering, dass auch die entsprechenden Schwerekräfte noch unter 0,2 g bleiben, und da man mit den Gurten fest in den Sitz eingespannt ist, sind diese schwachen Kräfte noch nicht spürbar. Lediglich ein leicht zur Decke geworfener Gegenstand, zum Beispiel ein Kugelschreiber, lässt erkennen, wie tief man bereits in die Atmosphäre eingetaucht ist. Stößt er nicht mehr an die Decke, sondern kehrt er vorher seine Flugbahn langsam um, dann weiß man, es geht bergab.

Noch 25 Minuten bis zum Touchdown. Die Luftreibungskräfte haben stark zugenommen und bringen die Kacheln auf der Unterseite des Shuttle bei 1500 °C zum Glühen. Dabei wird die Luft so stark erhitzt, dass auch der Funkverkehr bis auf Weiteres abbricht. Vom Temperaturanstieg merkt man im Anzug kaum etwas. Man schwitzt vielleicht vor Aufregung, weil nun das Shuttle deutlich schüttelt. Die Luftdichte ist in dieser Höhe von 120 km so weit angestiegen, dass sich das Shuttle aerodynamisch verhält und die Schwerkräfte so stark zugenommen haben, dass der Anti-g-Anzug aufgeblasen werden muss. Der Anti-g-Anzug schützt durch den Druck von Luftpolstern auf Beine und Eingeweide vor einem Versacken des Blutes in den Unterkörper, und damit vor einer Blutunterversorgung, also einem Blackout des Gehirns. Dies ist der Zeitpunkt, wo der Commander die Steuerung des Shuttles übernimmt. Von diesem Punkt an reduziert er auch die Geschwindigkeit des Shuttles durch verschiedene Roll- und Kurvenmanöver.

12 Minuten vor Touchdown hat sich die Hitze an den Kacheln so weit verringert, dass der Funkverkehr wieder einsetzt. Das Shuttle ist jetzt in einer Höhe von 55 km und bei einer Geschwindigkeit von 12.000 km/h noch 900 km von der Landebahn der Edwards Air Force Base entfernt. Ich habe meinen Anti-g-Anzug nochmals kräftig aufgeblasen, weil die g-Belastung auf 1,3 g zugenommen hat. Das ist nach der Schwerelosigkeit im Weltall ungewohnt anstrengend. Man hört, wie die Ansagen des Commanders immer gepresster hervorgestoßen werden; auch er kämpft gegen die körperliche Schwäche an. Ich bin froh, dass ich sitze und mein Gewicht nicht im Stehen halten muss.

Noch 5 Minuten. Jetzt beginnt der eigentliche Anflug auf die Landebahn. Das Shuttle schießt in 25 km Entfernung, mit 2,5-facher Schallgeschwindigkeit und im schrägen Gegenanflug auf die Landebahn zu. Es führt dann ein vorher genau festgelegtes Kurvenmanöver durch, das es exakt auf die Richtung der Landebahn bringt. Der Commander braucht jetzt nur noch den Anstellwinkel des Shuttles so einzustellen, dass es im Gleitwinkel von 22 Grad, für einen Piloten fast wie ein Stein, in Richtung Aufsetzpunkt fliegt. Die Geschwindigkeit hat sich weiter auf 700 km/h reduziert. 30 Sekunden vor dem Aufsetzen zieht der Commander die Nase des Shuttles nach oben, was den Gleitwinkel auf 1,5 Grad reduziert und die Geschwindigkeit auf die Landegeschwindigkeit herabsetzt. Erst 15 Sekunden vor der Landung wird das Fahrwerk ausgefahren, weil die bisherige hohe Geschwindigkeit das Fahrwerk hätte abreißen können. Mit ziemlich genau 400 km/h setzt das Shuttle schließlich auf: Touchdown.

Die Landung des Space Shuttles auf der Edwards Air Force Base in Kalifornien/USA. (Bild: NASA)

Vom Aufsetzen hat man jedoch kaum etwas mitbekommen, so sanft hat der Commander das Shuttle gelandet. Nur durch das Herunterzählen der Höhe des Piloten war man im Bilde, wie weit es noch genau bis zum Aufsetzen ist. Der Commander hält die Nase des Shuttles jetzt nach dem Aufsetzen noch lange in den Fahrtwind, damit das Shuttle weiter an Fahrt verliert. Wenn das vordere Fahrwerk schließlich den Boden berührt, wird der Bremsfallschirm ausgefahren; seine effektive Abbremsung des Shuttles spürt man im Shuttle deutlich. Genau eine Minute nach dem Aufsetzen ist das Shuttle zum Stillstand gekommen. Ich lehne mich entspannt zurück und weiß: Die Erde hat uns wieder!

WIR SIND **ASTRONAUT!**

2

Wie, bitte, wird man Astronaut? Dies ist wohl eine der meistgestellten Fragen an mich. Hier also eine Kurzanleitung für alle, die das nicht beruflich tun, sondern es mit dem Einsatz von Geld erreichen wollen.

Zunächst, wer darf sich eigentlich Astronaut nennen, und wo beginnt der Weltraum? Die Internationale Aeronautische Vereinigung (FAI, auch für Raumfahrt zuständig) hat als Grenze zum Weltraum die sogenannte Kármán-Linie in 100 km Höhe festgelegt, oberhalb derer kein aerodynamischer Flug mehr möglich ist.

Man sollte meinen, jeder der im Weltraum war, ist ein Astronaut. Dem ist nicht so. Zwar verleiht die amerikanische FAA (Federal Aviation Administration) jeder zivilen Person, die höher als 50 Meilen fliegt (entspricht 80,5 km, sozusagen eine amerikanische

Weltraumdefinition) »commercial astronaut wings«, aber das hat international keine Bedeutung. Insbesondere ist man damit kein Astronaut wie der Name vermuten ließe.

Die bisher einzig gültige Definition für einen Astronauten, die von der FAI geteilt wird, kommt von der ASE, der Association of Space Explorers, der Vereinigung aller geflogenen Astronauten. Sie besagt, dass als Astronaut gilt und in die ASE aufgenommen wird, wer wenigstens eine Erdumrundung in einem Raumschiff vollendet hat.

Die Commercial-Astronauts-Wings-Auszeichnung der FAA.
(Bild: FAA, PD US Government)

Dies ist der Grund, warum Alan Shepard mit Recht nicht als erster amerikanischer Astronaut gilt, sondern John Glenn der acht Monate nach ihm die Erde umrundete, obwohl Shepard mit seinem suborbitalen Flug der erste Amerikaner im Weltraum war. Fazit: Suborbitale Flüge, sozusagen Hopser über 100 km und sofort wieder zurück, machen noch keinen Astronauten.

Dies sind schlechte Nachrichten für all jene, die bei Virgin Galactic oder XCOR Aerospace solche sub-orbitalen Flüge für 250.000 Dollar bzw. 95.000 Dollar bereits gebucht haben. Inzwischen gibt es mehr als 700 solcher Buchungen bei voller Bezahlung des Flugpreises, obwohl noch kein einziger Flug stattgefunden hat! Der Jungfernflug sollte anfangs im Jahr 2009 stattfinden. Nach vielen Verschiebungen verlor Virgin Galactic am 31. Oktober 2014 bei einem Absturz nicht nur ihre Flieger, sondern auch der Pilot starb. Wann der Erstflug stattfinden wird, steht zurzeit (August 2017) immer noch nicht fest.

Ich hatte bereits harte Diskussionen mit Personen, die gebucht haben und glauben, durch die Verleihung der Astronaut Wings nach ihrem Flug Astronauten zu sein, was Virgin Galactic und XCOR als Werbung angeblich auch jedem erzählen.

Um nach internationalem Verständnis Astronaut zu werden, muss man schon wesentlich mehr Geld auf den Tisch legen – und zwar aktuell 45.000.000 Dollar (in Worten: 45 Millionen Dollar) der Firma Space Adventures. Zusammen mit der russischen Raumfahrtagentur schickt sie Weltraumtouristen mit der Sojus-Rakete auf die Internationale Raumstation. Sieben Weltraumtouristen waren mit Space Adventures bereits dort, wobei der erste, Dennis Tito, für seinen Flug im Jahre 2001 nur 20 Millionen Dollar zahlen brauchte, während die Sängern Sarah Brightman, die 2014 fliegen sollte, jedoch kurzfristig absagte, die besagten 45 Millionen Dollar zahlen musste. Die Nachfrage scheint weit größer als das Angebot.

Wer es noch exklusiver will und das entsprechende Kleingeld hat, sollte sich überlegen, ob er nicht zum Mond fliegen will. Laut Space Adventures wird es zwei Sitze in einer Sojus-Kapsel geben, die im Jahre 2018 zum Mond fliegen, ihn in einigen Hundert Kilometer Höhe einmal umkreisen und danach direkt wieder zur Erde zurückfliegen soll. Flugzeit insgesamt 8–9 Tage und technisch kein Problem. Alles eine Frage des Geldes. Um genau zu sein 150 Millionen Dollar. Angeblich ist ein Sitz bereits verkauft, wobei Space Adventures den Namen des angeblich berühmten Käufers nicht preisgeben will. Der andere Sitz wird gerade für schlappe 100 Millionen Dollar angeboten.

Man sollte meinen, diese Mondtouristen sowie alle früheren Apollo-Raumfahrer seien keine Astronauten, weil sie nicht die Erde umkreisen, sondern zum Mond hin- und zurückfliegen. Dem ist nicht so. Denn alle Flüge zum Mond, und später auch die zum Mars, benötigen für den Checkout einen sogenannten Parkorbit um die Erde, bevor der Schuss zum Mond oder Mars gesetzt wird. Und dieser eine Orbit macht den feinen Unterschied.

WARUM IST MAN IM ALL **SCHWERELOS?**

3

Man ist schwerelos, weil im All keine Schwerkraft mehr wirkt. Das ist die übliche Meinung. Die ist aber grottenfalsch!

GEWICHT IST NICHT KILOGRAMM!

Das mit der Schwere ist so eine Sache. Wenn man jemanden fragt: »Wie schwer bist du?« und er etwa antwortet: »75 kg«, dann mag das umgangssprachlich zwar in Ordnung sein, aber vom physikalischen Standpunkt ist das schlichtweg Unfug. Warum? Schwere, also Gewicht, ist eine Gewichtskraft, und die misst man in Newton (N) und nicht in Kilogramm. Kilogramm hingegen ist ein Maß für die Masse, die jeder Körper hat. Die ist überall gleich, egal unter welchen Umständen man ist, ob auf der Erde oder schwerelos im All. Erst die Einwirkung einer Schwerkraft auf die

Masse erzeugt eine Gewichtskraft *F* (Gewicht). Die beiden Größen hängen bekanntlich über die einfache Gleichung $F = m \cdot g$ miteinander zusammen, wobei in unseren mittleren Breiten auf der Erde $g = 9{,}81\ \mathrm{m/s^2}$ die Erdbeschleunigung ist. Die richtige Antwort auf die Frage: »Wie schwer bist du?« bzw. »Wie groß ist dein Gewicht?« müsste also lauten »75 kg · 9,81 m/s² = 735,75 N«. So was sagt aber keiner, und ich möchte wetten, nur den Wenigsten ist bewusst, wie falsch die Angabe in Kilogramm ist.

DIE ERDANZIEHUNGSKRAFT REICHT UNENDLICH WEIT

Die Kilogramm bleiben also immer gleich, nur die Gewichtskraft ändert sich, wenn man sich von der Erde entfernt. Sie nimmt quadratisch mit der Entfernung vom Erdmittelpunkt ab, reicht also im Prinzip unendlich weit ins All. Bei uns auf der Erdoberfläche, also in 6378 km vom Erdmittelpunkt, ist sie $9{,}81\ \mathrm{m/s^2}$ und auf der ISS in 400 km Höhe, also in 6778 km Entfernung, immer noch $9{,}81 \times (6378/6778)^2 = 8{,}69\ \mathrm{m/s^2}$ und somit immerhin noch 89 % wie auf der Erde. Beim Mond ist sie nur noch 0,03 % wie auf der Erde, aber das reicht, um die riesige Masse des Mondes auf eine Bahn um die Erde zu zwingen.

Wie ist das nun mit der Schwerelosigkeit im All? Nehmen wir an, wir sind auf der ISS, haben also noch 89 % Schwerkraft. Weil aber die ISS immer im Kreis um die Erde fliegt und dabei eine Zentrifugalkraft erfährt, die exakt so groß ist wie die Schwerkraft, heben sich beide Kräfte zu null auf. Meine Gewichtskraft im Orbit ist also deswegen verschwunden (eine Waage im Erdorbit zeigt null an), weil die Gravitationskraft der Erde aufgehoben wird. Meine Masse bleibt dabei unverändert.

WARUM IST MAN ÜBERALL IM WELTRAUM SCHWERELOS?

Bis hierher war alles noch leicht zu verstehen. Jetzt wird es schwieriger: Warum ist man überall im All schwerelos, selbst wenn ich auf geradem Wege, wie damals die Apollo-Astronauten, zum Mond fliege? Hier gibt es keine Zentrifugalkraft, die die Schwerkraft aufhebt. Die Antwort ist, wegen der Trägheitskraft. Beim Flug zum Mond wird nämlich das Raumschiff durch die Erdanziehung abgebremst. Wie bei einer Bremsung im Auto wird man dadurch nach vorn gedrückt. Das ist die Trägheitskraft, und die gleicht genauso wie die Zentrifugalkraft die Erdanziehungskraft aus. Tatsächlich ist die Zentrifugalkraft auch eine Trägheitskraft, die jedoch seitlich wirkt, wenn ich im Kreis fliege (seitlich beschleunige), und die übliche Trägheitskraft wirkt nach vorn und hinten, je nachdem ob ich in Bewegungsrichtung abbremse oder beschleunige.

Was regelt die Größe meiner Trägheitskraft? Die Antwort lautet, der Herrgott hat die Physik so gemacht, dass egal wo man im Weltraum ist, die Trägheitskraft exakt alle einwirkenden Kräfte (die von der Erde, Sonne, Mond, andere Planeten, …) aufhebt. Daher ist man im All immer schwerelos. Einzige Ausnahme: Ich beschleunige mein Raumschiff mit einem Antrieb. Dadurch werde ich auf den Boden des Raumschiffes gedrückt, was ich mit einer Waage messen kann. Es entsteht also eine künstliche Schwere.

WARUM IST MAN BEIM TAUCHEN NICHT SCHWERELOS?

Zum Schluss die schwierigste Frage: Ist man beim Tauchen genauso schwerelos wie im All? Die Antwort ist kniffliger, denn ein Taucher bringt unter Wasser zwar auch kein Gewicht auf die Waage, er ist aber trotzdem nicht schwerelos. Warum? Schwerelosigkeit bedeutet »Aufhebung aller externen Kräfte durch die Trägheitskraft in jedem Punkt eines Körpers«. Die Unterstreichung ist entscheidend, denn sowohl die Schwerkraft als auch Trägheitskräfte wirken auf jeden Massepunkt eines Körpers und heben sich somit auch an jedem Punkt auf. Das führt dazu, dass ein Astronaut im All sofort die Orientierung verliert, wenn er seine Augen schließt, weil nämlich das Gleichgewichtsorgan (genau genommen seine Makulaorgane) nicht mehr funktioniert. Das ist beim Schweben im Wasser anders. Ein Fisch weiß stets genau, wo oben und unten ist, sonst würde er nicht aufrecht schwimmen. Genauso weiß das ein Taucher, weil nämlich die Makulaorgane uneingeschränkt funktionieren. Das liegt daran, weil die Auftriebskraft des Wassers nicht an jedem Punkt des Körpers angreift, sondern nur über die Oberfläche eines Fisches bzw. eines Tauchers. Also nur an der Oberfläche gleichen sich Schwerkraft und Auftriebskraft aus (Um genau zu sein ist lediglich das Integral über die Kräfte, die an der Oberfläche angreifen, null). Daher funktioniert das Vestibularsystem unverändert.

TAUCHEN IST ABER EIN GUTES SCHWERELOSIGKEITSTRAINING

Echte Schwerelosigkeit kann man »auf der Erde« nur im freien Fall erleben, also beim Sprung vom Sprungturm oder beim Parabelfliegen. Daher gehören Parabelflüge zum regelmäßigen Ausbildungstraining eines Astronauten. Zur Ausbildung eines Astronauten gehört aber auch das Tauchen. Obwohl es keine Schwerelosigkeit erzeugt, ist es so wichtig, weil Bewegungen im Wasser ähnlich sind wie in der Schwerelosigkeit des Alls.

Ein Beispiel: Wenn ich im All mit einem Schraubenzieher eine Schraube in die Wand drehen will, dreht sich nicht die Schraube, sondern ich drehe mich um die Schraube. Man braucht im All also immer einen festen Halt, um zu arbeiten. Genau diese Erfahrung macht auch ein Taucher unter Wasser. Tauchen ist also ein ideales Training für Außenbordeinsätze auf der ISS.

DER MENSCH UND SEINE PROBLEME IM ALL

4

Ist der Weltraum ein Problem für den menschlichen Körper? Es gibt da kleine und größere und ein ganz dickes Problem.

Wenn man bedenkt, dass sich die Lebewesen über Jahrmilliarden Jahre an irdische Lebensverhältnisse angepasst haben, dann wäre es schon ein Wunder, wenn es gar keine Probleme bei den doch so ziemlich anderen Verhältnissen dort draußen geben würde. Die größten Probleme entstehen durch veränderten Umgebungsdruck und -temperatur, Strahlung und Gravitation. Die Atmosphäre, die es dort draußen nicht gibt, ist auf der Erde entscheidend für die ersten drei Größen. Gravitation gibt es im Weltraum, aber sie wird in jedem Punkt unseres Körpers durch Trägheitskräfte ausgeglichen (siehe voriges Kapitel »Warum ist man im All schwerelos?«), was nicht ganz korrekt als Schwerelosigkeit bezeichnet wird.

SCHWERELOSIGKEIT IST EINFACH ZUM KOTZEN

Schwerelosigkeit ist für den menschlichen Körper übel – im wahrsten Sinne des Wortes. Die sogenannte Makula in unserem Gleichgewichtsorgan, dem Ort an dem die Schwere Nervenimpulse auslöst, wird dadurch außer Kraft gesetzt. Das Signal, wo ist oben und wo unten, fehlt. Das Gehirn glaubt, der Grund sei ein Gift, aufgenommen über die Nahrung, und übergibt sich. Dasselbe passiert, wenn man zu viel Alkohol trinkt. Auch Alkohol beeinträchtigt bekanntlich das Gleichgewichtsorgan, und der Körper versucht, ihn per Erbrechen möglichst schnell wieder loszuwerden.

In der Schwerelosigkeit passiert das relativ schnell, schon innerhalb weniger Minuten benutzen anfällige Raumfahrer die dafür vorgesehenen Plastiktüten. Etwa 70–80 % aller Raumfahrer leiden unter dieser sogenannten Weltraumkrankheit. Nach spätestens 36 Stunden ist dem Körper allerdings klar, dass das Problem nicht am Essen liegt und er stellt die Übelkeitssymptome ein. Es bleiben manchmal jedoch Kopfschmerzen, weil schwerelosigkeitsbedingt die Verschiebung der Körperflüssigkeiten in den Oberkörper den Wasserdruck im Kopf ansteigen lässt und Rückenschmerzen, weil sich die Wirbelsäule in der Schwerelosigkeit ausdehnt und etwas anders krümmt. Diese Dauerdehnung finden die Rückenmuskeln gar nicht gut, aber nach einigen Tagen hat sich der Körper auch daran gewöhnt.

ACHTUNG STRAHLUNG

Strahlung ist ein größeres Problem, denn da draußen gibt es verdammt unangenehme Strahlungen, die die Atmosphäre für uns zurückhält, einerseits von der Sonne und andererseits die sogenannten HZE-Ionen aus den Tiefen des Alls. Beides sind Teilchenstrahlungen, mit denen nicht zu spaßen ist. Die Sonne sendet konstant einen Sonnenwind aus, bestehend aus geladenen Protonen. Bei starken koronalen Massenauswürfen der Sonne und außerhalb des die Erde umgebenden Strahlungsgürtels (Van-Allen-Gürtel) wird dieser Sonnenwind so stark, dass Astronauten ohne Schutz innerhalb etwa einer Woche sterben. Ein kleiner Schutzraum mit Wänden aus Wasser hilft dagegen. Die Apollo-Astronauten von damals hatten wegen Gewichtsproblemen so einen Schutz nicht. Damals gab es aber auch keine koronalen Massenauswürfe. Glück gehabt.

Die ISS liegt innerhalb der Van-Allen-Gürtel, weshalb Astronauten hier nicht viel zu befürchten haben. Die Strahlungsdosis ist dort oben im sogenannten erdnahem Raum im Mittel etwa 20-mal höher als auf der Erde. Nach einem halben Jahr dort oben hat man die für beruflich strahlenexponierte Personen – und dazu zählen Astronauten – zulässige Strahlendosis pro Jahr erreicht, was der Grund ist, warum Astronauten typischerweise sechs Monate dort oben bleiben.

DER BARBECUE-MODE

Wie warm ist es im Weltraum? Auf diese mir gerade von Jugendlichen gestellte Frage könnte man antworten: Ohne Atmosphäre keine Raumtemperatur. Das würde einiges erklären, aber auch ohne Atmosphäre nehmen Körperoberflächen ein sogenanntes Strahlungsgleichgewicht ein. Die Gleichgewichtstemperatur hängt davon ab, ob der Körper von der Sonne beschienen wird oder nicht. Bin ich mit einem Raumanzug auf einem Raumspaziergang und bewege mich nicht, dann wird nach etwa 30 Minuten die sonnenbeschienene Seite ca. 100 °C heiß und die sonnenabgewandte Seite -100 °C. Gut, dass es gut isolierte Raumanzüge gibt!

Es gibt einen Trick, die Temperaturunterschiede nicht zu groß werden zu lassen. Man geht in den Barbecue-Mode (so nennt man den bei der NASA wirklich), bei dem man sich langsam in der Sonne dreht. Das war zum Beispiel beim Shuttle sehr wichtig. Kurz vor der Rückkehr zur Erde wurde das Shuttle wie beim Grillen langsam gedreht, wodurch seine Aluminium-Struktur gleichmäßig warm wurde. Machte man keinen Barbecue-Mode, dann verzog sich das Shuttle wegen der großen Temperaturunterschiede und die Ladebuchtluken ließen sich manchmal nicht schließen.

NUR KLEINE PROBLEMCHEN AUF DER ISS

Die Verhältnisse im Innern der ISS sind exakt so wie auf der Erde, also Standardatmosphäre mit 1 bar Luftdruck und etwa 24 °C Raumtemperatur (in der Schwerelosigkeit ist einem eher leicht kühler). Die Astronauten auf der ISS tragen daher Kleidung wie beim Training auf der Erde.

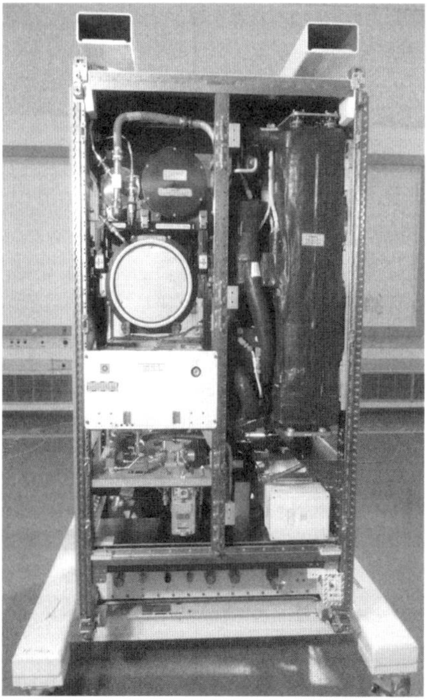

Das Luftwiederaufbereitungssystem (Air Revitalization System) der NASA auf der ISS. (Bild: NASA)

Wegen der fehlenden Schwerkraft gibt es keine natürliche Luftzirkulation. Die Luft wird über eine Zwangszirkulation in Bewegung gehalten, weniger wegen Schimmelbildung, sondern weil sich sonst CO_2-Blasen von ausgeatmeter Luft bilden können. Das wäre besonders beim Schlafen sehr unangenehm, weil Astronauten dann ersticken könnten.

Die zirkulierende Luft wird über Kohlefilter im Luftwiederaufbereitungssystem von organischen Stoffen gereinigt und das überschüssige CO_2 wird mithilfe aufwendiger Verfahren beseitigt. Danach wird wieder entsprechend O_2 aus Sauerstofftanks und/oder Wasserelektrolyse zugegeben. Der Stickstoffanteil bleibt dabei immer konstant.

Und noch ein Problem: Nicht alle Geruchsstoffe lassen sich vollständig beseitigen, dadurch bleibt immer ein geringer Restduft, den man aber auf die Dauer nicht wahrnimmt. Erst wenn man wieder auf die Erde zurückkommt und frische Luft schnuppert, merkt man den Unterschied. Nach vielen Jahren kann die Luft aber etwas modrig riechen, weil sich auf schwitzigen und unzugänglichen Metalloberflächen ein Biofilm mit Pilzen bildet, ein echtes Problem auf Raumstationen.

… UND DANN IST DA NOCH DAS DICKE PROBLEM

Die wohl meistgestellte Frage und das wirklich dicke, dafür extrem seltene Problem »Wie lange kann der ungeschütze menschliche Körper im All unbeschadet überleben?« kläre ich im nächsten Kapitel.

20 SEKUNDEN BIS ZUM **BLACKOUT**

5

Wie lange kann der ungeschützte menschliche Körper im All unbeschadet überleben?

Die Frage, wie lange ein ungeschützter menschlicher Körper im All überleben könnte, wird immer wieder an mich gestellt. Über die vergangenen Jahre habe ich diese Frage immer wieder bekommen, weil es nirgendwo eine genaue Antwort gibt. Man findet meist nur ungenaue Vermutungen, aber nichts Verlässliches. Vor 20 Jahren interessierte mich die Frage selbst, und ich fand in der Bibliothek des Deutschen Museums medizinische Berichte der Deutschen Luftwaffe von Versuchen an Menschen aus dem Zweiten Weltkrieg. Das damalige Interesse galt den Auswirkungen vom plötzlichen Druckverlust in der Kabine eines Kampfjets, aber die Erfahrungen sind natürlich ebenso auf ähnliche Situation im All übertragbar.

DAMIT RECHNET DIE NASA

Was passiert also, wenn ein menschlicher Körper dem Vakuum des Weltraums ausgesetzt ist? Das hängt davon ab, wie genau der Übergang in diesen ungeschützten Zustand aussieht. Nehmen wir an, ich mache einen Raumspaziergang und werde von Mikro-Meteoriden, nur wenige Millimeter groß, getroffen – ein Szenario, das die NASA durchaus erwägt. So ein Meteorid schlägt wegen seiner extrem hohen Geschwindigkeit von etwa 30.000 km/h den Anzug und meinen Körper glatt durch und hinterlässt ein ebenso großes Loch. Wenn ich Glück habe, sind meine Extremitäten getroffen, also kein größeres Problem. Ein bisschen Blut und eventuell Knochendurchschuss – wird schon wieder. Wichtiger ist, dass das Leck im Anzug so klein ist, dass das Lebenserhaltungssystem den Druckverlust ausgleichen kann und man etwa 30 Minuten Zeit hat, wieder zurück in die ISS zu kommen.

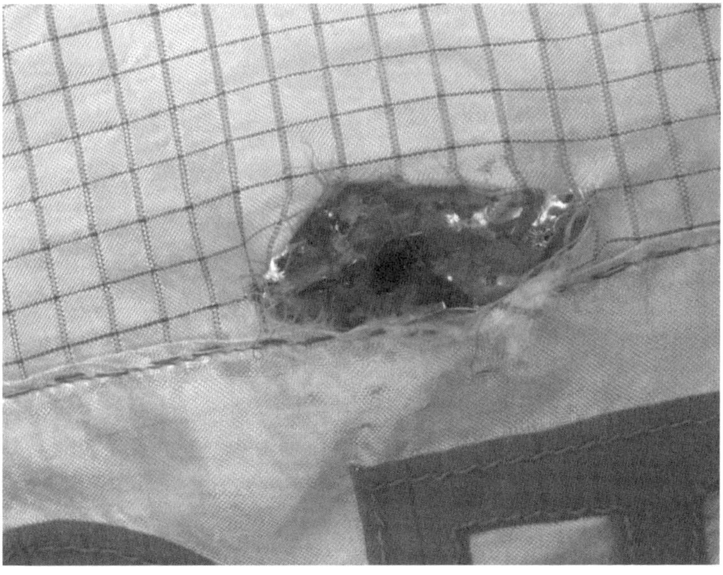

Glatter Durchschlag eines kleinen Mikro-Meteoriden durch die Thermalisolierung des Zarya-Moduls auf der ISS. (Bild: NASA)

DER ABSOLUTE WORST CASE

Nehmen wir den schlimmsten denkbaren Fall: Ein größerer Asteroid reißt mir einen Arm ab. Der Anzug ist nun komplett offen, und der Druck sackt innerhalb von ein bis zwei Sekunden auf nahezu null ab. Das ist für meinen Körper eine Katastrophe. Noch bin ich aber bei vollem Bewusstsein und weiß, ich habe etwa 60 Sekunden, bevor ich sterbe. Innerhalb dieser einen Minute passiert Folgendes: Der Druckverlust führt zur schlagartigen Ausdehnung aller Luftkammern des Körpers. Davon hat der Körper drei Stück. Zwei Mittelohren und die Lunge. Damit mir alle drei nicht platzen, muss ich wie beim Auftauchen aus großen Wassertiefen sofort den Mund öffnen, also nicht versuchen, die Luft anzuhalten! Der Luftdruck im Mittelohr entlädt sich dann über die Eustachi-Röhre und der Lungendruck über die Luftröhre. Ansonsten passiert äußerlich erst einmal nichts, denn der Körper besteht ansonsten aus Wasser und festen Stoffen, und die können sich nicht ausdehnen.

HILFE, MEIN KÖRPER KOCHT!

Sollten die Eustachi-Röhren wegen einer Halsentzündung geschwollen sein, dann kann die Luft aus dem Mittelohr nicht entweichen, und bei schnellem Druckverlust platzen mir die beiden Trommelfelle. Nun ja, das tut zwar sauweh, aber in der Situation gibt es Schlimmeres und zwar Folgendes: Nach etwa sechs Sekunden beginnen die Körperflüssigkeiten, also im Wesentlichen mein Blut, zu kochen, denn der Siedepunkt von Wasser hängt stark vom Umgebungsdruck ab. Bei 1 bar ist er bekanntermaßen 100 °C, und bei den 0,32 bar auf dem Mount Everest 71 °C. Blut bei 37 °C Körpertemperatur kocht daher unterhalb von 0,060 bar. Die entstehenden Bläschen in den Adern stoppen den Blutfluss, der Körper erleidet also einen instantanen Kreislaufkollaps. Davon merke ich zunächst lediglich ein Kribbeln im Körper. Die ersten kleinen Äderchen beginnen zu platzen und später langsam auch die größeren. Wegen der ausbleibenden Sauerstoffversorgung verwirren sich nach 15 Sekunden meine Sinne, und nach 20 Sekunden tritt der Blackout, also Bewusstlosigkeit, ein. Die Schmerzen, die nun durch die zunehmende Blasenentwicklung von Stickstoff in den Gelenken auftreten würden, merke ich dann schon nicht mehr.

RECOVERY ... ODER AUCH NICHT

Wenn spätestens nach 60 Sekunden der Druck wieder auf normale Werte ansteigt, rekollabieren die Blasen, der Körper nimmt wieder seine normalen Funktionen auf, und es bleiben angeblich keine Langzeitschäden zurück. Ist die Sauerstoffversorgung länger als zwei bis drei Minuten unterbrochen, treten zunehmend irreparable Hirnschädigungen ein. Diese Erkenntnisse stammen von Herzinfarktopfern.

ALLTAG IM ALL

6

Der Klassiker aller Fragen an einen Astronauten: »Wie geht man im All auf die Toilette, wie schläft man, wie isst man?« Hier ein für alle Mal die ultimativen Antworten.

Da wird man als Wissenschafts-Astronaut jahrelang für seine Mission im Weltraumlabor ausgebildet, rackert sich wie ein Eichhörnchen, wie mein inzwischen verstorbener Astronauten-Kollege Reinhard Furrer es einmal formulierte, dort oben ab, ist stolz, wenn alles so geklappt hat, wie man es geplant hat, und was wird man von den Leuten gefragt, wenn man wieder zurück ist: »Wie ist das Erlebnis beim Start?« (typische Männerfrage), »Wie geht man dort oben auf die Toilette, wie isst man, wie schläft man?« und schließlich: »Hat man sich verändert?« (typische Frauenfragen).

Grob gesagt, der Alltag dort oben ist ähnlich wie auf der Erde. Acht Stunden schlafen, acht Stunden arbeiten, acht Stunden für anderes (davon 2½ Stunden Laufband für die Muskeln). Samstags ist Wartung der Raumstation, am Sonntag ist frei.

DER KLASSIKER: DIE TOILETTE AUF DER ISS

Die Unterschiede liegen nur im Detail. Sollte man in der Schwerelosigkeit eine Toilette mit Wasserspülung betreiben? Selbst kleinen Kindern ist sofort klar, das gäbe ein riesiges Malheur. Klar ist auch gleich: »Wenn keine Wasserspülung, warum dann nicht Luftspülung?« Das Problem liegt dann nur noch in der Frage, wie eine Luftspülung technisch konkret umgesetzt werden soll. Dabei ist noch das kleinste Problem, dass die logischerweise bereits zu Beginn des großen Geschäfts aktiv sein muss und nicht erst, wenn man fertig ist, wie auf der Erde, sonst schwebt alles durch die Gegend. Außerdem muss alles schön in Flüssiges und Festes getrennt werden. Für Flüssiges gibt es einen kleinen Plastiktrichter – jeder Astronaut hat einen eigenen – den er auf einen langen Schlauch steckt. Ein Unterdruck saugt durch Trichter und Schlauch den Urin in einen großen 20-Liter-Container. Für Festes muss man sich wie auf der Erde setzen. Ein Luftzug zieht alles durch einen Plastikbeutel mit vielen Löchern. Die Luft geht durch die Löcher, alles andere nicht. Danach wird der Beutel zugezogen und in einen Aluminium-Container geschoben.

… UND HOPP

Wohin damit? Nun, beide Container werden als Abfall in das Progress-Versorgungsschiff gestopft. Bei der Ankunft der Progress auf der ISS ist im Progress alles drin, was man auf der ISS so braucht, also Lebensmittel, neue Kleidung und eben auch neue Toiletten-Container. Wenn Progress nach dem Ausräumen leer ist, dient er als Abfall-Container unter anderem für die Toilette. Bevor ein neuer Progress kommt, wird der alte abgedockt und in die Erdatmosphäre geschubst, wo er beim Eintritt mit 28.000 km/h komplett verglüht. Keine Sorge, da ist bisher niemandem etwas auf den Kopf gefallen.

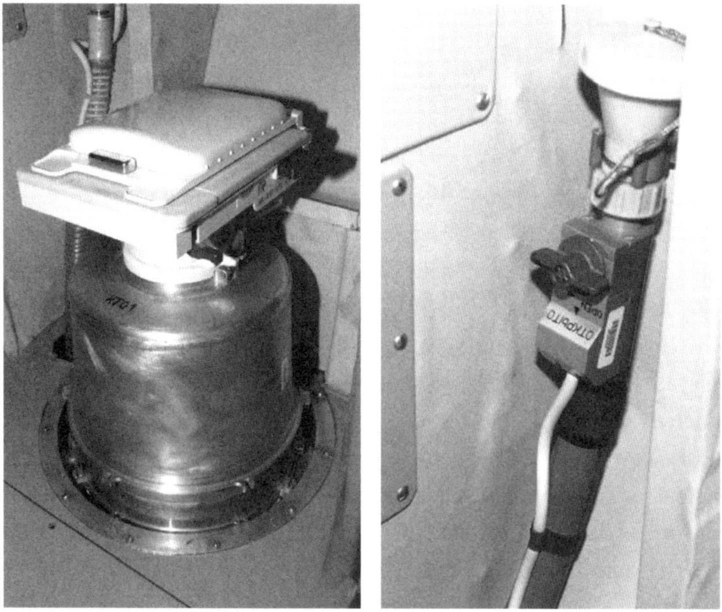

Die Toilette auf der ISS, mit der der separate Urinierstutzen (rechtes Bild) über einen langen Schlauch verbunden ist. (Bild: NASA)

SICHER IST SICHER

Die oben beschriebene Toilette ist zwar einfach, aber eine seit Jahrzehnten erprobte und sichere Technik der Russen. Sie war bis 2008 die Grundausstattung im Zvezda-Modul der ISS, also im Wohnmodul der Astronauten, gleich neben dem Esstisch (im Weltraum darf man nicht zimperlich sein). Im Jahre 2008 kaufte die NASA eine weitere Toilette mit derselben Technik von den Russen und installierte sie auf der anderen Seite der ISS im Tranquility-Modul. Damit braucht man, wenn's pressiert, nun nicht mehr von einem Ende, etwa dem europäischen Columbus-Labor, zur anderen Seite der ISS schweben, sondern kann gleich »nebenan« sein Geschäft verrichten. Außerdem gibt es so immer eine funktionierende Toilette, falls die andere ausfällt. Die Systeme sind gleich. Man braucht sich also nicht umgewöhnen und Ersatzteile passen hier wie dort – gaaaanz wichtig!

DER KAFFEE VON GESTERN IST DER KAFFEE VON MORGEN

Der Urin dieser neuen Toilette wird aber zusammen mit anderem Schmutzwasser dem amerikanischen WRS (Water Recovery System) zugeführt, das daraus wieder Trinkwasser gewinnt. Ein Verfahren, gegen das sich die Astronauten verständlicherweise jahrelang gewehrt hatten. In einem nachgeschalteten OGA (Oxygen Generator Assembly) kann über ein Elektrolyseverfahren aus Teilen des Trinkwassers auch Sauerstoff für die Atmung und Wasserstoff hergestellt werden, wobei Letzteres entweder über Bord geht oder als Ausgangsstoff für einen sogenannten Sabatier-Reaktor dient, in dem aus dem Kohlendioxid der ausgeatmeten Luft Wasser hergestellt wird, was man dann wieder zum Trinken nutzen kann. Wie man sieht, alles raffinierte aber auch komplizierte Technik.

SO ISST UND TRINKT MAN

Das Essen auf der ISS ist einfach erzählt. Alles wird auf der Erde vorgekocht und entweder in Alu-Beuteln sterilisiert und abgepackt oder für lange Haltbarkeit gefriergetrocknet und in durchsichtigen Plastikbeuteln luftdicht eingeschweißt. Zum Essen gibt man einfach nur wieder das Wasser hinzu, und knetet alles etwas durch, damit sich das Wasser schön verteilt. Wenn man das Essen warm serviert haben möchte, steckt man die Beutel in einen klassischen Konvektionsofen (Mikrowelle gibt's nicht, wegen eventueller Störung der Elektronik an Bord).

Wegen der Beutel gehört zum Besteck immer eine Schere zum Aufschneiden. Nudeln und auch Steaks sind kein Problem. Gabel rein und weg damit. Nur Soßen und Suppen bedürfen einer vorsichtigen Handhabung. Den Löffel in den Beutel geschoben und langsam, gaaanz langsam, wieder herausziehen, sonst löst sich die Flüssigkeit vom Löffel und schwebt unkontrolliert in die nächste Elektronik. Alte Hasen machen es umgekehrt, sie ziehen den Löffel ganz schnell weg, sodass die Flüssigkeit nicht mitkommt und vor der Nase schweben bleibt. Erst wabert sie herum, und dann kann man sie einfach mit dem Mund aufsaugen. Achtung: Das will gekonnt sein!

Marsha Ivins posiert mit ihrer beindruckenden Haarpracht auf ihrer Mission auf der ISS im Jahre 2001. (Bild: NASA)

Getrunken wird aus Alu-Beuteln. Die haben nur das Pulver drin (Fruchtpulver für O-Saft oder Kaffeepulver). Wasser dazu, Plastikstrohhalm rein und trinken. Wenn man nicht alles trinken möchte, kann man mit einer Quetsche den Plastikstrohhalm verschließen und den Beutel per Klettverschluss (alle Teile, ohne Ausnahme, haben auf der ISS ein Stück Klettverschluss) irgendwo hinhängen, damit er nicht auf Nimmerwiedersehen wegschwebt – was nicht ganz stimmt, sie landen meist im Ansaugstutzen der Umluftanlage.

… UND SO SCHLÄFT MAN

Zum Schlafen gibt's einen Schlafsack. Arme durch die seitlichen Schlitze, Reißverschluss über den Bauch zugezogen und das war's. Der Sack hat nur eine Aufgabe: Er verhindert das Wegschweben. Dazu wird der Sack mit Klettverschluss entweder an die Wand in einer Schlafkoje angebracht, oder jeder kann ihn auch irgendwo in der ISS »aufhängen« wo Platz ist.

Das Problem beim Schlafen ist das Schlafen. Auf der Erde liegt man irgendwo kuschelig in einem Bett in einer Zimmerecke oder fühlt eine Decke auf dem Körper. In der ungewohnten Schwerelosigkeit spürt man gar nichts am Körper und hat so das Gefühl, der Umwelt hilflos ausgesetzt zu sein. Deswegen schlafen viele Astronauten schlecht. Schlafpillen sind auf einer Raumstation gang und gäbe. Es sei denn, man ist nach der schweren und vielen Arbeit am Tage so müde, dass einem alles egal ist, man todmüde »umfällt« und schläft wie ein Murmeltier. So erging es mir.

Zähneputzen geht wie auf der Erde. Danach nur in ein Handtuch spucken oder runterschlucken.

Haareschneiden mit Opas Elektro-Schermaschine, jedoch mit Absaugschlauch für die Haarschnipsel. Auch die mag die Elektronik an Bord nicht.

SEX IN SPACE

7

Alles was Sie schon immer über Sex im Weltraum wissen wollten. Eine Trilogie.

1. TYPISCH AMERIKANER

Als Astronaut kommt man an diesem Thema einfach nicht vorbei. Es ist, neben der Toilette im Weltraum, das Thema, was die Öffentlichkeit an der Raumfahrt am meisten fasziniert. Wenn ich hier stattdessen über Wissenschaft in der Schwerelosigkeit, den Grund für all den Aufwand einer Raumstation, referieren würde, würden Sie gleich weiterblättern. Stimmt's? Dabei gibt es da soooo schöne Ergebnisse … Aber ich weiß, Sie wollen dieses Gequatsche jetzt nicht, sondern nur das Eine. Also los geht's.

Die NASA-Studie

Schon im Jahr 1996, also zwei Jahre vor Baubeginn der Internationalen Raumstation, soll die NASA eine Studie zum Thema *Sex in der Schwerelosigkeit* durchgeführt haben, um »den Bedürfnissen der Astronauten bei Langzeitmissionen gerecht zu werden«, so zu lesen im Buch *La Dernière Mission (Die letzte Mission,* Calmann-Levy, 2000) des französischen Astronomen und Autors Pierre Kohler. Seine Fakten hat der Autor aus dem NASA-Report Nummer 12-571-3570, der einige Jahre auf den Websites im Internet zu finden war, aber von der NASA schnell wieder aus dem Verkehr gezogen wurde. Wen wundert's.

Die Ziele und Ergebnisse der Studie lauteten zusammengefasst: »*Der Zweck dieses Experiments waren Vorbereitungen für Ehepartner-Teams, die an Langzeitaufenthalten im All teilnehmen werden, sobald die US-Weltraumstation im Orbit ist. Um das zu erreichen, probierten die Teilnehmer eine Reihe von möglichen Stellungen aus, die es den Ehepartnern ermöglichen, auch in der Schwerelosigkeit ihren ehelichen Pflichten nachzukommen. Die Schwerelosigkeit während der Shuttle-Mission STS-75 sorgte für die richtigen Rahmenbedingungen. Unser erster Schluss ist, dass zufriedenstellende eheliche Beziehungen in ‚Zero-G'* (Fachbegriff für Schwerelosigkeit) *durchaus im Bereich des Möglichen liegen, viele Paare aber ihre Schwierigkeiten haben werden, sich an die Stellungen zu gewöhnen, die wir für am besten geeignet befanden.*« So weit der angeblich offizielle Befund.

Das NASA-Experiment Nummer 8

Das letzte Ergebnis dieser Zusammenfassung ist nicht weiter verwunderlich, soll doch während des »Experimentes 8« der Shuttle-Mission STS-75 ohne elastische Gurte und Kunststofftunnel, in die die Probanden schlüpfen mussten, oder krampfhaftes Sich-Aneinanderklammern gar nichts gegangen sein. Zehn verschiedene Stellungen hätten Astronautinnen und Astronauten ausprobiert. Die auf der Erde so beliebte Missionarsstellung habe dabei besonders schlecht abgeschnitten, dafür sei die Gravitation unbedingt nötig. Besser klappt es, so der Bericht, wenn die Frau kopfüber an den Mann gegurtet ist, ihren Kopf auf seinen Knien und ihre Knie auf seiner Brust.

Erstaunlich eigentlich, dass die sonst so prüden Amerikaner derart delikate Experimente nicht nur durchführten – und das auch noch über die stets so blitzsaubere Weltraumbehörde NASA – sondern zu allem Überfluss auch noch eine recht detailreiche Zusammenfassung der Öffentlichkeit zur Verfügung stellten. Noch erstaunlicher wird die ganze Sache, wenn man sich die Missionsdaten der Shuttle-Mission STS-75 anschaut und feststellt, dass bei den Untersuchungen zu »ehelichen Aktivitäten« nur Männer teilgenommen haben können. Hatte die NASA vielleicht von der Öffentlichkeit unerkannt eine Frau an Bord geschmuggelt? Unmöglich, denn seit der Challenger-Katastrophe im Januar 1986 dürfen aus Sicherheitsgründen nur noch maximal sieben Astronauten fliegen. Mit den sieben Männern war das Limit also erreicht. Eine Frau war damit definitiv nicht an Bord. Zweifel am angeblichen NASA-Report kommen auch deshalb auf, weil er in ähnlicher Version bereits schon in der Newsgroup »alt.sex« vom 28. November 1989 zu finden war, die STS-75 Mission aber im Februar / März 1996 flog. Da stimmt was nicht!

Zu prüde, um wahr zu sein

Die NASA selbst hält des Rätsels Lösung parat: »*Es hat nie ein derartiges Experiment gegeben*«, stellte seinerzeit NASA-Sprecher Brian Welch fest. Frustriert fügt er hinzu: »*Unglaublich ist, dass verschiedene Nachrichtenagenturen nie auch nur daran gedacht haben, bei der NASA nachzufragen, ob da ein Körnchen Wahrheit dran ist.*« Dass es möglicherweise bereits Sex im All gegeben hat, bestreitet die NASA zwar nicht, jedoch sei dies dann Privatsache der Astronautinnen und Astronauten und keinesfalls Fragestellung von Experimenten gewesen. NASA-Sprecher Ed Campion äußerte sich entrüstet: »*Wir haben weder irgendwelche Sex-Experimente durchgeführt, noch tun wir das zurzeit oder planen das für irgendeinen Zeitpunkt in der Zukunft!*«

Wie also hält es die NASA mit Sex im All? Der NASA-Report 12-571-3570 ist ohne Zweifel eine Fälschung. Überhaupt fürchtet die NASA das Thema *Sex im All* wie der Teufel das Weihwasser, nicht nur weil die Amerikaner im Umgang mir solcher »Materie« ziemlich prüde sind, sondern auch, so einer mit dieser Thematik befasste NASA-Mitarbeiter, damit *»die Öffentlichkeit nicht den Eindruck erhält, wir installierten mit der Raumstation ein von amerikanischen Steuerzahlern finanziertes intergalaktisches Bordell.«*

Das Ehepaar Jan Davis und Mark Lee, die gemeinsam auf der Shuttlemission STS-47 flogen, aber in unterschiedlichen Schichten arbeiteten. (Bild: NASA)

Wie wahr, die prüden Amerikaner würden wirklich alles tun, diesem lästigen Thema keinen Vorschub zu leisten. Da ist zum Beispiel der Fall des Ehepaares Mark Lee und Jan Davis, er Luftwaffenoffizier und sie Biologin und promovierte Ingenieurin. Beide flogen im September 1992 an Bord der Shuttle-Mission STS-47. Sie lernten sich bei der Arbeit für die NASA kennen und heirateten während des Missionstrainings zu ihrem gemeinsamen Flug. Ihre Flitterwochen im All hatten mit Sicherheit nicht den Reiz wie sonst üblich.

Denn zum einen bot das Shuttle weder auf dem Flugdeck noch auf dem Middeck, wo üblicherweise geschäftiges Treiben herrschte, ein lauschiges Eckchen, es sei denn man benutzte provokativ den kleinen Vorhang, der den etwa drei Quadratmeter kleinen Toilettenraum gegen das restliche Middeck abschirmte. Um auch dieser Eventualität einen Riegel vorzuschieben und um überhaupt erst gar nicht den geringsten Zweifel an einem »sauberen« Shuttle aufkommen zu lassen, wurden Mark und Jan konsequenterweise auf zwei unterschiedlichen Arbeitsschichten ihrer Mission verbannt.

Seien Sie also getrost, Sex im Shuttle und auf dem amerikanischen Teil der Raumstation hat es nie gegeben. Aber wie sieht es bei den Russen aus? Das klären wir im Folgenden.

2. EXPERIMENTIERFREUDIGE RUSSEN

Ja, es gab bereits einmal Sex im Orbit. Allerdings rein »wissenschaftlich«. Sagen die Russen.

Eines steht außer Frage, eine Frau an Bord einer Raumfahrtmission hat einen äußerst positiven Einfluss auf die zwischenmenschliche Atmosphäre unter Astronauten. Die Amerikaner wissen das seit Längerem. Das war für sie stets ein Grund, auf jeder Shuttlemission möglichst eine Frau mitfliegen zu lassen, trotz des weltweiten Frauenmangels auf diesem Gebiet, und auch heute noch fliegen sie regelmäßig Frauen auf die Raumstation.

Abgesehen davon, dass laut NASA Frauen die besseren Astronauten sind, weil sie bei dem harten und unkomfortablen Tagesgeschäft dort oben robuster und weniger »weinerlich« sind, verhalten sich in ihrer Anwesenheit die männlichen Astronauten untereinander angeblich höflicher und »nicht so derb«. Das soll sich auch in einem angenehmeren Funkverkehr mit ihnen ausdrücken.

Beregovoi, der ehemalige Chef des russischen Kosmonautenzentrums im Sternenstädtchen bei Moskau, drückte es einmal so aus: *»Wir haben bemerkt, dass beim Training die ganze Arbeitsatmosphäre und die Stimmung in einer Gruppe von Männern und Frauen einfach besser ist als in einer Nur-Männer-Gruppe. Irgendwie beeinflussen Frauen die Bezie-*

hungen in einem kleinem Team sehr positiv, und das wiederum stimuliert die Arbeitskraft des Teams.«

Russen sind komplett anders als die Amerikaner

Sind aber Männer und Frauen zusammen auf einem Raumschiff, dann schlagen die Fantasien der Menschen hier auf der Erde Purzelbäume – haben sie oder haben sie nicht? Anders als die Amerikaner gehen die Russen mit diesem pikanten Thema wesentlich freizügiger um. Das zeigt sich besonders schön an der Sex-Affäre des amerikanischen Präsidenten Bill Clinton im »Oral Office« mit seiner Praktikantin Monica Lewinsky. Dass sich die Amerikaner darüber aufregten und den Präsidenten dafür gar aus dem Amt jagen wollten, haben die Russen nie verstanden. Sie waren vielmehr der Meinung, »endlich einmal ein richtiger Mann als Präsident.« So einen hätten wir auch gern! Putin versucht diesem Männerbild zwar nicht durch Sex-Affären aber bekanntlich mit Machobildern und -berichten vom Angeln und Jagen mit Pferd, Gewehr und nacktem Oberkörper gerecht zu werden.

Die Russen sind in Sachen Sex daher grundsätzlich viel »experimentierfreudiger« als die Amerikaner, auch aus wissenschaftlichem Interesse. Eine gewisse Lyubov Serova, eine Wissenschaftlerin am berühmten Institut für Biomedizinische Probleme (IBMP) in Moskau bestätigte in einem Interview mit Space.com im März 2000, dass das IBMP seit Jahrzehnten »geschlechtsorientierte Studien von lebenden Spezies im Weltraum« durchführte.

Was sind die möglichen Missionen, auf denen solche »geschlechtsorientierten Experimente« hätten durchgeführt werden können? Im Jahre 1963 flog die erste Frau im All, Valentina Tereschkowa, auf Wostok 6 zu einem Rendezvous mit Valeri Bykowski in Wostok 5. Es bleibt jedoch fraglich, ob sie dabei auch ein persönliches Rendezvous mit ihm hatte, weil dies bislang der einzige Flug war, bei dem eine Frau und ein Mann allein unter sich im Weltraum waren. Jedenfalls ist aus diesem Flug kein neuer Erdenbürger hervorgegangen. Es heißt aber, die russische Partei hätte Valentina und Dr. Andrijan Nikolajew, der als Kosmonauten-General im Jahre 1962 vier Tage im All war, gedrängt, eine Ehe einzugehen. Der Hintergrund: Die Wissenschaftler wollten erfahren, ob Kinder zweier Raumfahrer besondere Eigenschaften aufweisen. Tatsächlich ging aus dieser Ehe die Tochter Jelena hervor, ein ganz normales Kind wie es heißt. Die derart geschlossene Ehe hielt jedoch nicht lange, Valentina und Andrijan trennten sich bald darauf wieder.

Sex auf der MIR-Station?

Dass es bei dem sechsmonatigen Aufenthalt der damals 53-jährigen US-Astronautin Shannon Lucid im Jahre 1996 auf der MIR-Station zu irgendwelchen intimen Kontakten gekommen ist, halte ich persönlich für ausgeschlossen. Alle russischen Kosmonauten respektierten nach ihrem immerhin über sieben Monate dauernden Flug Lucids große astronautische Erfahrung. Der Respekt galt insbesondere ihrer resoluten und mütterlichen Art, womit sie angeblich alles fest im Griff hatte.

»Die bildhübsche Elena«, so mein Astronauten-Kollege Ulf Merbold über seine Kollegin Yelena Kondakova, mit der er im Jahre 1994 einen Monat auf der MIR-Station verbrachte, versprühte da ganz andere Reize. Doch die Beziehung der verheirateten Kosmonautin zu ihren männlichen Kollegen während ihrer fast sechs Monate im Außenposten der Menschheit war nicht gleichermaßen unbeschwert. So beklagte sich der Russe Valerij Poljakov, der seinerzeit als ausgebildeter Mediziner auf der MIR war und bis heute mit 437 Tagen den Weltrekord im Daueraufenthalt im Weltraum hält, in einem Zeitungsinterview über Yelena: »*Ich hatte Probleme mit Yelena Kondakova. Es schien ihr angeblich, als würde ich ihr nicht genug Aufmerksamkeit schenken.*« Jeder, der Poljakov kennt, kann Yelena nur allzu gut verstehen. Poljakov, ein eher introvertierter, eigenbrödlerischer Zeitgenosse, ist der ideale Raumfahrer, um solche Rekorde aufzustellen. Jeder andere wäre vermutlich daran gescheitert.

Danach gab es zwei weitere Damenbesuche auf der MIR-Station: Die Engländerin Helen Sharman im Mai 1991 und die Französin Claudie Andre-Deshays im August 1996. Sie blieben aber nur 6 bzw. 14 Tage in dieser Männerbastion. Immerhin, Zeit genug … Da diese Besuche aber keine weiteren Konsequenzen hatten, sollte man die Frage »Haben sie nun oder nicht?« den Damen als ein persönliches kleines Geheimnis lassen, das irgendwo schließlich jeder von uns hat.

Also doch …

Der achttägige Besuch der damals ledigen 34-jährigen Swetlana Sawizkaja vom 19. bis 27. August 1982 auf der Orbitalstation Saljut 7, wo bereits zwei Herren als Langzeitbesatzung auf sie warteten, darf man hingegen getrost als ersten Versuch einer Zeugung im Weltraum betrachten. Da ist zunächst die Aussage des Raumfahrtmediziners und Leiters des IBMP und damaligen Teamarztes Prof. Oleg Georgievich Gazenko, der wiederholt äußerte, dieser Flug wäre unter anderem mit genau dieser Absicht durchgeführt worden. Und ist es ein Zufall, dass Swetlana Sawizkaja ausgerechnet an den empfängnisbereiten Tagen ihres Monatszyklus dort ankam?

Die Atmosphäre vor dem Besuch war angespannt, so erfahren wir aus dem Tagebuch von Anatoly Berezovoy[1]. Er war damals zusammen mit Valentin Lebedev als Langzeitbesatzung auf der Saljut 7 und schrieb ein Tagebuch, das aber erst nach seinem Tode im September 2014 von seiner Frau Lidia Berezovaya an die Öffentlichkeit gebracht wurde. Dort schreibt er, dass er einerseits beeindruckt von den fliegerischen Künsten von Sawizkaja war. Sie hielt damals drei Weltrekorde im Fallschirmspringen und 15 für Jetfliegen.

Andererseits betont Berezovoy, dass in der damaligen Zeit Raumflug in der Sowjetunion reine Männersache war und Kosmonauten, er eingeschlossen, eine Frau im Weltraum als »exotisch« empfanden. Daher freuten sich die beiden, »die Arbeit in der Saljut-Küche an Svetlana übergeben zu können«. Um das zu verdeutlichen, schenkten sie ihr bei ihrer Ankunft an der Saljut-

1 *Cosmonaut Diaries,* in: Aerospace America, May 2015, Seite 38–45

Station am 20. August eine Küchenschürze. Dafür bereiteten sie für sie »den gemütlichsten Schlafplatz in der Station, nämlich an der rechten Wand« vor. Angeblich hat Sawizkaja bei ihrer Ankunft das Geschenk jedoch abgelehnt mit der Aufforderung, die beiden mögen doch die Küchenarbeiten wie bisher weiterführen.

Über die acht Tage der fünf Kosmonauten an Bord schreibt Lebedev[2]: »*Sie [Sawizkaja] verbrachte eine lange Zeit in der Transportkapsel [zur Station] sich vorzubereiten (...) wie jede Frau machte sie sich schön (...).*« »*Als Sawizkaja an Bord war, verhielten sich die fünf Crew-Mitglieder anders. Sie rasierten sich nahezu zweimal am Tag und halfen ihr bei den biologischen Weltraumexperimenten. Sie machte einige Küchenarbeiten und Solovjev, der keine Tomaten mochte, aß sie ›mit Freuden‹, nun da sie von Sawizkaja gekocht waren.*« .

Anatoly Berezovoy und Swetlana Sawizkaja auf der Saljut 7 (Bild: Roscomos)

2 Zitiert nach SOVIET SPACE STATIONS AS ANALOGS, Second Edition, August 1986, Seite III-79 und III-80

Diese Aussagen sind nicht nur konsistent, sondern auch deswegen überzeugend, weil sich die USA und Russland damals noch im Kalten Krieg befanden, und die Russen nach Gargarin als ersten Menschen im All, Tereschkowa als erste Frau im All, Leonov mit seinem ersten Raumspaziergang, sich als Pioniere der Raumfahrt verstanden, wo sie den Amerikanern immer noch eine Nasenlänge voraus sein konnten. Da passte die erste Zeugung im All sehr gut ins Konzept. Zu einer Befruchtung ist es damals jedoch nicht gekommen, so jedenfalls Gazenko zu seinem damaligen deutschen Medizinerkollegen Hans Guido Mutke, und Tatsache ist zweifellos, dass daraus kein Nachwuchs entstand.

3. DER THREE DOLPHINS CLUB

Sex auf der ISS?

Auf der Männerbastion ISS gab es zwar viele Frauen, aber spontanem Sex auf der ISS steht zunächst das Problem gegenüber, dass die Libido der Raumfahrer, insbesondere die von uns Männern, nicht nur manchmal auf Erden, sondern weit ausgeprägter noch im Weltraum, beeinträchtigt ist. Denn die Schwerelosigkeit hat nachweislich einen starken Einfluss auf den menschlichen Hormonhaushalt, insbesondere auf das Testosteron, und der pendelt sich erst viele Wochen nach dem Start wieder ein. [3]

Das eigentlich schlagende Argument, warum es auf der ISS aber wohl nie Sex gegeben hat, ist die Tatsache, dass die »experimentierfreudigen« Russen seit dem Flug von Yelena Kondakova auf STS-84, also seit 1997 und somit bereits vor dem Bau der ISS, bis zum 26 September 2014 mit Yelena Serova keine Frau im Weltraum hatten. Sie mögen sich die Augen reiben, aber schauen Sie nach, so ist es. Warum? Weil die Russen, anders als die Amerikaner, angeblich schlechte Erfahrungen mit Frauen im All gemacht haben. Unter den zurzeit 29

3 siehe Interview »Libido stark eingeschränkt«, Der Spiegel, 27/1997, S. 164, www.spiegel.de/spiegel/print/d-8736950.html

aktiven russischen Kosmonauten ist Anna Yuryevna Kikina in der Tat momentan die einzige Frau. Der Schock für die Russen war die erste Frau im All, Valentina Tereschkowa, die auf ihrem ersten und einzigen Flug im Jahre 1963 angeblich so miserabel abgeschnitten hat (worüber man stets nur hinter vorgehaltener Hand gesprochen hat, aber seit einiger Zeit etwas offener ist), dass die Russen nur noch sehr selten Frauen in ihren Astronautenkader berufen und geflogen haben.

Die amerikanischen Astronautinnen auf der ISS hingegen wussten sehr wohl, was die NASA von ihnen erwartete, sonst wären sie nach ihrer Rückkehr mit Sicherheit gefeuert worden. Daher darf Sex von Amerikanern auf der ISS getrost ausgeschlossen werden. Sie werden sich fragen, ja aber wie will die NASA das überhaupt herausbekommen? Nun, es gibt auf der ISS kaum eine Ecke, die nicht mit Kameras live überwacht wird, da fällt selbst ein träumerisches Nasepopeln schwer … und Besenkammern gibt's im Weltraum auch nicht.

Wie geht das überhaupt?

Aber theoretisch ist das natürlich alles untersucht worden. Dr. Hans Guido Mutke, Gynäkologe und Mitbegründer der deutschen Luft- und Raumfahrtmedizin, inzwischen verstorben, war in den 1990er-Jahren weltweit führender Experte auf dem Gebiet der Space Sexuality und Leiter des Studienkreises »Die Frau in der Luft und im Weltall«. Für ihn stand außer Frage, dass eine Befruchtung in der Schwerelosigkeit möglich ist. Er untersuchte »die Richtungs- und Haltungsveränderungen zwischen Tube, Uterus und Vagina« und stellte fest, dass die Schwerelosigkeit keinerlei wesentlichen Einfluss hierauf, wie auch auf das Sperma des Mannes hat, denn die Samenfäden sind wegen ihrer gleichen Dichte wie Wasser auch auf der Erde so gut wie schwerelos. »*Der Transport des Samens in Uterus und Eileiter dürfte daher auf einem Raumschiff keine wesentlichen Veränderungen erfahren*«, so Mutke in einem Interview mit dem Spiegel.[4]

4 Der Spiegel 09/1992, S. 237-240, www.spiegel.de/spiegel/print/d-13687195.html

Fragt sich nur, wie das dort oben praktisch gehen soll? Auch das untersuchte Mutke und kam zu der nicht gerade prosaischen Feststellung » *(...) unter Null-Gravitation gilt das Prinzip des Rückstoßes*: Gegensätzlich ausgeführte Bewegungen haben dementsp*rechend zur Folge, dass die beteiligten Körper mit beschleunigter Geschwindigkeit voneinander wegfliegen – so lange, bis sie gegen eine Kabinenwand prallen.*«

Was also ist zu tun? Der amerikanische Raumfahrt-Autor G. Harry Stines hat dazu folgende Lösung parat, die er den Delphinen abgeschaut hat: Zwei kleben aneinander, und der Dritte schiebt. Daher taufte er in einem Artikel[5] den sehr exklusiven Kreis orbitaler Liebesspieler »Three Dolphin Club«.

Aber es geht auch einfacher und intimer. Voraussetzung ist, dass mindestens einer der Partner fixiert ist *»sonst gibt es blaue Flecken«*, O-Ton Mutke. Dies ist in der Tat leicht einzusehen. Vorstellbar sind laut Mutke prinzipiell zwei Lösungen: Ein APSA (Auxiliary Pole for Sexual Activities), sozusagen eine Vergnügungsstange oder ein kurzes, festes Möbelstück, an die einer der Partner per Bauchgurt fixiert ist. Für den anderen aktiven Partner gab es im Shuttle wie auch heute auf der Internationalen Raumstation viele Fußschlaufen auf dem Boden und Haltestangen an der Decke (jedoch nicht für diesen Zweck vorgesehen, versteht sich), ähnlich denen in einem öffentlichen Bus.

Galaktisches Vergnügen

Damit wäre der Weg frei zu solch orbitalem Vergnügen, das *»beim Anblick der Erde, das Geilste ist, was ich mir so vorstellen kann«*, so ein Raumfahrtfan in einem Brief an mich, wobei er mich ausdrücklich bat, nicht genannt zu werden.

Ob dieses Vergnügen wirklich so galaktisch ist, wenn auf der ISS in jeder Ecke Videokameras lauern, die die Aktivitäten der Astronauten überwachen und praktisch die ganze Welt dabei zusehen kann, wage ich zu bezweifeln. Wegen dieses Big-Brother-Effektes

5 In: Analog Science Fiction/Science Fact Magazine, April 1990, Volume CX, No. 5; S. 106–108

und eines fehlenden intimen Séparées wird auch in Zeiten einer geschäftigen ISS der Teilnehmerkreis des Three Dolphin Clubs wohl kaum stark zunehmen. Ein maximal halbjähriger Aufenthalt lässt sich auch »ohne« irgendwie überstehen.

Ernsthafte Gedanken müssen sich die NASA-Planer erst mit einer zukünftigen, typischerweise knapp 3-jährigen Mars-Mission machen. Bei solch langen Missionen sind Frauen aus sozialen wie gruppendynamischen Gründen unverzichtbar. Und bei einer so langen Reise weitab von Big Brother, bei der es nicht viel zu tun gibt, wird es ein ganz normales Leben geben müssen, mit allem was dazu gehört, erst recht (oder selbst?) bei einem verheirateten Ehepaar, so die Vorgabe von Dennis Tito für seine Inspiration Mars-Mission.

Sollten Sie, wie bereits schon so mancher vor Ihnen, argwöhnen, dass ich mit diesen Sex-in-Space-Artikeln nicht alle persönlichen Raumfahrterfahrungen preisgegeben habe, so muss ich Sie enttäuschen. Meine Shuttle-Mission im Jahre 1993 dauerte lediglich zehn Tage mit ausschließlich männlicher Besatzung. Muss ich mehr dazu sagen?

KANN MAN DIE **CHINESISCHE MAUER** AUS DEM ALL SEHEN?

8

Stimmt dieses weitverbreitete Gerücht über die Raumfahrt oder nicht? Hier die Antworten eines Shuttle-Astronauten und Physikers und von zwei Apollo-Astronauten.

Es gibt viele Gerüchte über die Raumfahrt. Dazu gehören »Die Teflonpfanne kommt aus der Raumfahrt«, »Astronauten fahren jeden Tag mit der Zentrifuge« und »Astronauten ernähren sich nur aus Tuben«. Sie sind sämtlich falsch. Aber wie ist das mit dem Gerücht, dass man aus dem All angeblich die Chinesische Mauer sehen kann? Was die Leute damit meinen ist: »Kann man die Chinesische Mauer vom Shuttle oder von der Raumstation aus sehen?«

AUFLÖSUNGSVERMÖGEN DES MENSCHLICHEN AUGES

Die Antwort ist gar nicht so schwierig, denn das maximale Auflösungsvermögen des Auges ist bestens bekannt. In der Fovea centralis, also dem Bereich des schärfsten Sehens auf der Netzhaut, beträgt der mittlere gemessene Abstand zwischen den Zapfen etwa 2,5 µm. Da gemäß der reduzierten Augenmodelle von Emsley und Gullstrand die Fovea einen Abstand von etwa 17 mm zum optischen Knotenpunkt des Auges hat, beträgt demnach die theoretisch erreichbare minimale Winkelauflösung des Auges 0,0025 / 17 = 0,000147 rad = 30" (Bogensekunden). Hinzu kommt noch die Beugung der Strahlen an der Pupille als Aperturblende. Diese erzeugt physikalisch die Winkelunschärfe von $0{,}61 \cdot \lambda / D$. Nimmt man den Hauptbestandteil des Sonnenlichts, nämlich grünes Licht mit $\lambda = 0{,}55$ µm, und einen typischen Pupillendurchmesser von $D = 3$ mm, dann beträgt diese Beugungsunschärfe 23". Beide Fehler zusammen ergeben einen mittleren Winkelfehler von 38". Dieses Ergebnis stimmt recht gut mit Messungen der Sehschärfe von Astronauten im Weltraum überein. Demnach beträgt der maximale Fernvisus etwa 2,0, was einer Winkelauflösung von 1,0' / 2,0 = 30" entspricht. Das menschliche Auge kann bei hohen Kontrastverhältnissen diese Auflösung durch sogenannte Mikro-Sakkaden steigern, das sind sehr kleine, selbst nicht wahrnehmbare Zitterbewegungen des Auges. Damit lassen sich scharfe Strukturen, die sonst zwischen zwei Zapfen fallen, auf benachbarte Zapfen übertragen. Auch moderne digitale Fotografie macht sich diesen Effekt teilweise zunutze. Messungen der minimalen Winkelauflösung bei hohem Kontrast ergaben 14". Offensichtlich kann also das Auge durch die Mikro-Sakkaden die Winkelauflösung um mehr als das Doppelte steigern.

Eine Winkelauflösung von 14" bis 38" ergeben in 300 km Flughöhe eines Shuttles eine Bodenauflösung von 20 bis 55 Meter. Dies stimmt mit meinen Erfahrungen auf meiner Mission STS-55 im Jahre 1993 überein. In meinem Erlebnis-Bildband *In 90 Minuten um die Erde* gebe ich eine minimale Bodenauflösung von etwa 30 Meter an.

Nimmt man die beschriebene Bodenauflösung von 20 Metern bei hohem Kontrast, dann lässt sich die Chinesische Mauer mit dem bloßen Auge so gerade aus dem Shuttle und der internationalen Raumstation in 350 km Höhe erkennen, wenn die Sonne schräg auf die Chinesische Mauer fällt und dabei einen breiten harten Schatten wirft. Das Problem bei der Erkennung der Chinesischen Mauer aus dem All ist aber weniger die grenzwertige Sehschärfe, sondern dass man ganz genau wissen muss, wo man diese hauchdünne Linie zu suchen hat. Deswegen ist sie so schwer erkennbar.

Selbst Kenner wie der chinesische Taikonaut Yang Liwei oder der kanadische Astronaut Chris Hadfield, der fünf Monate auf der ISS verbrachte, sagen, sie hätten die historische Struktur nicht sehen können. Jeder, der einmal versuchen möchte, die Chinesische Mauer mit eigenen Augen zu sehen, sollte sich dieses Bild eol.jsc.nasa.gov/SearchPhotos/photo.pl?mission=ISS010&roll=E&frame=8497 anschauen, das die Chinesische Mauer erstmals im Jahre 2004 von der ISS aufgenommen zeigt und mit einer Auflösung vergleichbar mit dem menschlichen Auge. Wer sie auf dem Bild nicht erkennen kann, dem wird hier www.nasa.gov/vision/space/workinginspace/great_wall.html auf die Sprünge geholfen.

Die maximale Sehschärfe von 14" wird bei Fernsicht auf der Erde durch das sogenannte Seeing (Atmosphären-Fluktuationen) reduziert, weil sich der Mensch in der Atmosphäre befindet. Befindet man sich aber im All, wo man sich weit weg von den Fluktuationen der Atmosphäre befindet, ist die Sehschärfe vom Seeing jedoch nicht betroffen (siehe mein Artikel »Auf die Erde schau'n mit Marylin Monroe« aus meinem Buch *In 90 Minuten um die Erde*). Dies und nur dies macht die bessere Sehschärfe aus dem Weltraum aus.

URSPRUNG DES GERÜCHTES

Verfolgt man das Gerücht über die Chinesische Mauer zu ihren Ursprüngen zurück, dann erkennt man, dass es aus der Apollo-Zeit stammt. Damals lautete das Gerücht: »Die Chinesische Mauer ist das einzige Menschenwerk (incl. Städte etc.), das man vom Mond aus sehen kann.« Da ich diese Frage (leider) nicht aus Erfahrung beantworten kann, habe ich mich an zwei Astronauten-Kollegen – Charles M. Duke (Apollo 16, 5. Mondlandung, April 1972) und Eugene A. Cernan (Apollo 17, 6. Mondlandung, Dezember 1972) – gewandt, mit der Bitte um Aufklärung.

Im Folgenden die wortgetreue Übersetzung ihrer englischen Antworten (meine Ergänzungen in eckigen Klammern):

Charles M. Duke (Apollo 16): »*Ich glaube nicht, dass irgendetwas von Menschen Geschaffenes vom Mond aus gesehen werden kann. Keiner sah die Große Mauer vom Mond aus. Man kann keine großen Städte oder irgendwelche menschlichen Objekte vom Mond aus sehen. Es ist schwierig genug, so gerade die Kontinente vom Mond aus zu sehen. (...) Es ist ein verbreitetes Missverständnis, dass wir die Große Mauer vom Mond aus sehen konnten. Wie diese Meinung entstand, ich weiß es nicht.*«

Die Erde vom Mond aus gesehen »überzogen mit den Ozeanen und den Wolken, die sie als Ganzes überdecken«. (Bild: NASA/Apollo 11)

Eugene A. Cernan (Apollo 17): »*Es gibt keine vom Menschen geschaffenen Objekte, die aus der Distanz des Mondes gesehen werden können, weder mit dem bloßen Auge noch mit dem Fernrohr, das wir auf Apollo mit uns hatten. (...) Ja, man kann die Große Mauer in China aus 200 bis 300 Meilen* [300 bis 500 km, also vom Erdorbit des Shuttles aus] *im Weltraum erkennen. Darüber hinaus konnte ich das Dome Stadion in Houston auf Gemini IX* [Auf dieser Mission umkreiste er im Juni 1966 die Erde.] *mit dem bloßen Auge erkennen. Aber keine dieser Dinge, große Städte eingeschlossen, Tag oder Nacht, können vom Mond aus gesehen werden. (...) Es sollte einem klar sein, dass die Erde, die* [vom Mond aus] *etwa viermal so groß wie der Mond erscheint, überzogen ist mit den Ozeanen und den Wolken, die sie als Ganzes überdecken. Vom Mond aus sehen wir die Erde so, wie Gott sie erschaffen hat und keine von Menschen geschaffenen Objekte.*«

Theoretisch hätten wir nichts anderes erwartet, denn bei einem Abstand Erde-Mond von etwa 380.000 km müsste das menschliche Auge eine Winkelauflösung von 20 m / 380.000 km = 1 / 100 Bogensekunde haben, was weit außerhalb des menschlichen Vermögens liegt. Selbst bei einer 100-fachen Vergrößerung eines guten Fernrohrs ist die Winkelauflösung immer noch 10-mal kleiner als die notwendigen 14“.

SEIFENBLASEN
IM WELTRAUM

9

Taschenexperimente im Weltraum sind bei Astronauten sehr beliebt. Unser Mann im All, Alexander Gerst, wollte Seifenblasen im Weltraum machen. Louis Gött, 11 Jahre, wollte von mir vorher wissen, was dabei herauskommen wird.

Sehr geehrter Herr Professor Ulrich,

ich bin Louis und 11 Jahre alt. Schon immer hat mich der Weltraum interessiert, und ich liebe Seifenblasen. Daraus hat sich eine Frage ergeben, die mir bisher keiner vernünftig beantworten konnte. Wie verhalten sich Seifenblasen im Weltraum, also nicht in der Schwerelosigkeit, sondern im luftleeren Raum. Ich warte schon gespannt auf die Bilder vom jüngsten Seifenblasen-Versuch auf der ISS. Die bisherigen Antworten auf meine Frage waren, sie platzen, sie gefrieren, sie verhalten sich so wie auf der Erde, aber keiner konnte sie plausibel begründen. Vielleicht können sie mir eine Antwort geben (die NASA wollte es nicht), dafür wäre ich Ihnen sehr dankbar.

Vielen Dank für Ihre Bemühungen und noch einen schönen Sommer.

Mit freundlichen Grüßen
Louis Gött

Diese E-Mail erhielt ich am 1. Juli 2014 von Louis. Meine Antwort auf seine Frage, schrieb ich während einer längeren Reise ins Ausland, von der ich am 17. Juli zurückkehrte. Just am 10. Juli machte Alexander Gerst sein Seifenblasen-Experiment. Meine hier folgende Antwort bestätigt nicht nur was, sondern begründet auch, warum das so passiert ist.

Lieber Louis, eine Seifenblase ist eine dünne Seifenhaut, die ein Luftvolumen einschließt. Damit kannst du dir sofort klar machen was passiert, wenn du die ins Vakuum des Weltraums bringst. Der Innendruck der Blase würde nämlich die Blase sofort zum Platzen bringen. Weil auf der Erde Innendruck und Außendruck gleich sind, passiert das hier unten auf der Erde nicht. Auf der ISS gibt es aber kein Vakuum, denn sonst müssten die Astronauten wie auf Raumspaziergängen dauernd Raumanzüge mit Helmen tragen. Das wäre unpraktisch. Stattdessen hat die ISS dieselbe (künstliche) Atmosphäre und somit denselben Luftdruck wie auf der Erde, nämlich ein bar. Die Seifenblasen würden übrigens nicht gefrieren, weil die Abkühlung über die Verdunstungskälte wesentlich länger dauert. Außerdem könnte selbst eine gefrorene Blasenhaut dem Innendruck nicht standhalten. Was passiert nun mit der Seifenblase in der Schwerelosigkeit auf der ISS? Um das zu verstehen, muss man wissen, wie die funktioniert.

ZUNÄCHST HÄNDE WASCHEN

Eine Seifenblasenhaut ist eigentlich wie ein Hamburger: eine Lage Wasser (Fleisch) zwischen zwei Lagen aus Lipiden (Lagen Brot), die alles zusammenhalten. Das war die supereinfache Erklärung. Jetzt kommt die genauere Erklärung. Lipide sind organische Moleküle, die auf der einen Seite eine lange, wasserabweisende (hydrophobe = fettliebende) Kohlenwasserstoffkette haben und auf der anderen Seite einen wasseranziehenden (hydrophilen) Teil, der sogenannten Carboxylatgruppe ($-COO^-$).

Auch ein Stück Seife besteht aus Lipiden, daher macht man aus Seife Seifenblasen. Wenn du dir damit die Hände wäschst, lagern sich deren hydrophoben Teile an den fettigen Schmutz auf deinen Händen. Wenn du nun die Hände mit Wasser abwäschst, ziehen die Wassermoleküle, die dem fettigen Schmutz sonst nichts anhaben können, über das Klebemittel Lipide den Schmutz von deinen Händen, sodass er sich im Wasser auflöst und weggeschwemmt wird. Obwohl Schmutz für deinen Magen und Darm ganz gut sein kann, lieben Mütter Seife, weil die immer alles blitzblank haben wollen. Am liebsten würden die den ganzen Körper ihrer Kinder mit Sagrotan behandeln. Dann sagst du: »Das gibt dann aber Neurodermitis«. Dann hören die mit dieser fixen Idee ganz schnell wieder auf. Das solltest du auch sagen, wenn du dir sehr oft die Hände waschen musst. Und wenn du schon leichte Neurodermitis hast, dann sagst du, du würdest gern Urlaub auf dem Bauernhof machen. Danach ist die Neurodermitis nämlich oft wieder weg, und erst dann bekommen Mütter meist wieder eine normale Einstellung zu Schmutz auf Kinderhänden und überhaupt im ganzen Haus.

SO FUNKTIONIERT EINE SEIFENBLASE

Ich bin abgeschweift. Also die zwei Lagen Lipid außen und innen auf einer Seifenblasenhaut halten das Wasser zwischen ihnen zusammen und geben so der Seifenblase Stabilität, sonst würde die gar nicht existieren können. Wenn du jetzt mit einem Blasring eine Seifenblase machst, dann passiert hier auf der Erde Folgendes. Am Anfang schillert die Blase in Regenbogenfarben. Das liegt daran, weil die Schichtdicke des Wassers leicht variiert. Dort wo die Haut etwas dünner ist, schimmert die Blase wegen der sogenannten Licht-Interferenz (googeln oder Physiklehrer fragen) etwas bläulicher und dort wo sie dicker ist etwas rötlicher. Wegen der Schwerkraft auf der Erde wird aber das Wasser zwischen den Lipidschichten nach unten zum Boden der Blase laufen. Dort bildet sich dann ein sichtbarer Tropf. Gleichzeitig beginnt die Blase von oben nach unten durchsichtig wie eine Fensterscheibe zu werden. Das bedeutet »Achtung!« jetzt ist die Wasserschicht dort so dünn geworden, dass die Blase reißen kann. Dann dauert es oft wirklich nicht mehr lange, bis die Blase platzt.

SEIFENBLASEN AUF DER ISS

Die Idee von Alexander Gerst (und darauf ist, soweit ich weiß, bisher noch keiner gekommen) ist zu schauen, was mit der Blase in der Schwerelosigkeit des Weltraums passiert. Da du nun weißt, was auf der Erde mit der Blase passiert, kannst du dir gut ausmalen, wie das dort oben auf der ISS ablaufen wird. Das Wasser wird nämlich nicht herunterlaufen und daher keinen Tropfen bilden. Die Blase bleibt also überall etwa gleich dick und sollte für immer in den Regenbogenfarben schillern.

Tatsächlich wird es nicht ganz so sein. Denn es gibt noch einen zweiten Effekt, der Seifenblasen den Garaus macht. Weil der aber wesentlich langsamer abläuft als das Herunterlaufen des Wassers, ist der auf der Erde egal, im Weltraum hingegen entscheidend: Die Verdunstung des Wassers. Lipidschichten sind nämlich für Wassermoleküle leicht durchlässig, weshalb immer etwas Wasser nach außen verdampft. Dadurch wird die Seifenblase auch dünner, aber nur langsam und vor allem überall gleich. Das bedeutet, dass die Seifenblase auf der ISS langsam überall bläulich werden sollte, danach überall durchsichtig, und danach platzt sie auch irgendwann. Wie lange die Blase dort oben halten wird, ist schwer zu sagen, denn das hängt einerseits von der Seife ab, die Alexander benutzen wird, und daher von der Dicke der Lipidschichten, und andererseits von der Luftfeuchtigkeit auf der ISS, wie schnell also das Wasser verdunsten wird.

Wenn du dir jetzt das Video von Alexander Gerst (siehe www.youtube.com/watch?v=vU70oGqu6zw) anschaust, wirst du sehen, dass seine erste Blase genau 55 Sekunden gehalten hat. Wenn du wissen willst, mit welchen Tricks man Seifenblasen im Weltraum länger haltbar machen kann, dann solltest du selbst Astronaut werden und persönlich nachschauen.

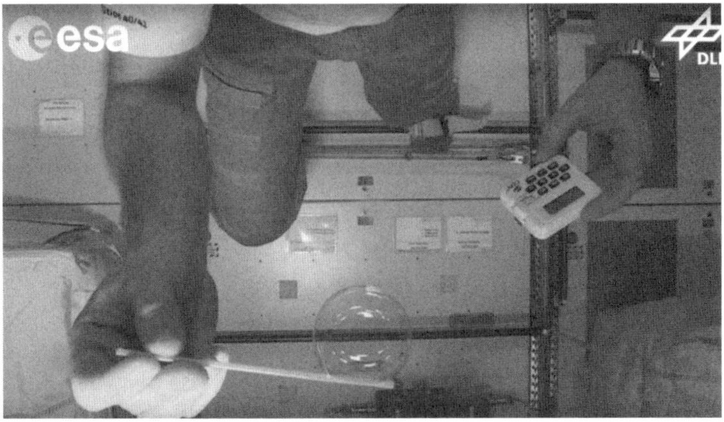

Diese Seifenblase von Alexander Gerst auf der ISS-Raumstation hielt genau 55 Sekunden. (Bild: ESA/DLR)

VERKEHRTE WELT – WESHALB BREMSEN BESCHLEUNIGT UND BESCHLEUNIGEN BREMST

10

Stellen Sie sich vor, Sie befinden sich in der Erdumlaufbahn und wollen ein Raumschiff vor sich überholen. Was machen Sie? Gas geben und beschleunigen? Falsch, abbremsen!

Raumfahrt ist zwar anstrengend, aber macht viel Spaß. Sie ist auch ziemlich kompliziert, wenn es darum geht, Flugbahnen zwischen Himmelskörpern zu berechnen. Schon der einfache Flug von der Erde zum Mond lässt sich nicht einfach analytisch, also durch Formeln, berechnen. Wenn man es genau wissen will, braucht man Computer. Es ist daher kein Zufall, dass die Apollo-Mondflüge mit der Entwicklung und Gebrauch von modernen Hochleistungscomputern zusammenfielen.

Es gibt aber eine schöne einfache Ausnahme, die Bewegung eines Körpers um einen anderen, das sogenannte Zweikörperproblem, das bereits der alte Johannes Kepler Anfang des 17. Jahrhunderts kannte und als erster löste. Das Ergebnis ist ganz einfach. Kleine Körper, wie etwa ein Satellit oder Raumschiff, bewegt sich auf einer Ellipse, Hyperbel oder Parabel um einen großen Körper (z. B. um einen Planet). Die einfachste Ellipsenbahn ist die Kreisbahn, auf der sich etwa 90 % aller Satelliten und Raumfahrzeuge, etwa die Internationale Raumstation, um die Erde bewegen. Denn immer die gleiche Bahnhöhe ist praktisch und bewirkt den geringsten Luftwiderstand.

Nehmen wir die Standardsituation beim Andocken eines Shuttles an die Raumstation ISS. Jedes Raumfahrzeug, das an die ISS andocken will, muss sich bezüglich der ISS-Flugrichtung von hinten anpirschen. Beim Shuttle lag der Andockport jedoch auf der Vorderseite der ISS. Daher musste das Shuttle etwa 15 km hinter der ISS zu einem Überholmanöver ansetzen. »Was muss der Commander dazu machen?« ist eine beliebte Frage an Studenten der Raumfahrt. Intuitiv würde man sagen »Gas geben«, also beschleunigen (Ein Student meinte einmal humorvoll: »Erst den Blinker setzen!«). Aber das ist grottenfalsch. Es lässt sich zeigen, dass man dadurch zwar kurzfristig der ISS näherkommt, aber langfristig immer weiter hinter sie zurückfällt.

ZUM ÜBERHOLEN BITTE ABBREMSEN

Die richtige Antwort lautet: »Abbremsen!«, also langsamer werden. Wie das? Nun, wenn man langsamer wird, wird der Abstand zur ISS zunächst erst einmal größer. Weil das Shuttle aber in der gegebenen Höhe eine geringere Geschwindigkeit hat als vorher, ist auch seine Zentrifugalkraft kleiner als die Gravitationskraft in dieser Höhe. Das Shuttle sinkt also beim Langsamerwerden zunächst nach unten (siehe Abbildung).

In einer tieferen Umlaufbahn um die Erde ist aber der Weg (Kreisumfang) kürzer als der der höher gelegenen ISS. Obwohl also die Geschwindigkeit abgenommen hat, umrundet das Shuttle die Erde in einer kürzeren Zeit als die ISS. Nach einer Erdumkreisung (90 Minuten) hat das Shuttle also die ISS unten überholt und liegt nun vor der ISS. Um wieder auf dieselbe Bahnhöhe und somit auch Bahngeschwindigkeit zu kommen, muss das Shuttle jetzt beschleunigen. Danach liegt das Shuttle kurz vor der ISS und kann »rückwärts« andocken. Die Kurve, die das Shuttle beim Überholmanöver beschreibt, ist eine sogenannte verlängerte Zykloide.

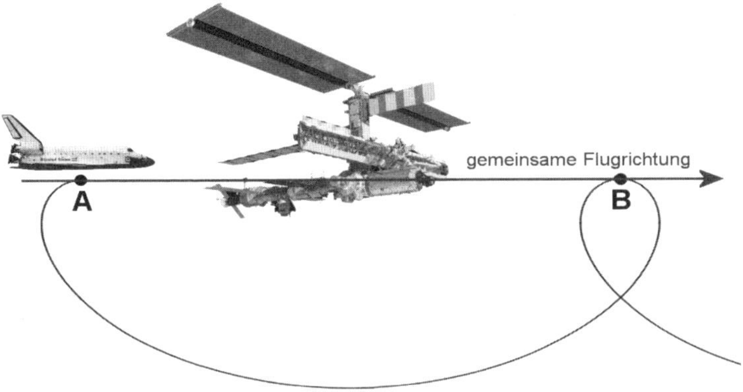

Zum Überholen bremst das Shuttle am Punkt A hinter der ISS ab, fällt zunächst etwas zurück, um die ISS von unten zu überholen. Am Punkt B beschleunigt das Shuttle wieder auf die ursprüngliche Geschwindigkeit. Würde es das nicht tun, würde es weiter auf der Zykloide nach vorn driften. (Bild: Ulrich Walter)

BESCHLEUNIGEN, UM LANGSAMER ZU FLIEGEN

Das zweite Paradox scheint ähnlich, hat aber doch einen etwas anderen physikalischen Hintergrund. Die ISS muss von Zeit zu Zeit angehoben werden, weil sie durch den Luftwiderstand absackt. Dazu dockt zum Beispiel der Raumtransporter Progress »hinten« an und feuert seine Triebwerke über längere Zeit konstant in Flugrichtung. Damit beschleunigt es die ISS. Durch die höhere Geschwindigkeit ist aber die Zentrifugalkraft größer als vorher, und somit wird die Bahn in einer Spiralkurve langsam angehoben, typischerweise um etwa 30 km. Die Orbitgeschwindigkeit in einer Erd-Kreisbahn berechnet sich zu

$$v\,[km/s] = \sqrt{\frac{398\,600}{6378 + h\,[km]}}$$

War die ISS also anfangs auf $h = 350$ km Höhe und hatte die Orbitgeschwindigkeit $v = 7{,}697$ km/s, so hat sie auf der neuen Höhe $h = 380$ km nur noch $v = 7{,}680$ km/s. Die ISS wurde also konstant beschleunigt, hat aber am Ende eine geringere Bahngeschwindigkeit als vorher! Wie kann das sein?

Der Grund ist der Folgende. Durch die Beschleunigung führt die Progress der ISS Energie zu. Weil aber die Orbit-Energie zu einem Drittel aus kinetischer Energie $\frac{1}{2}mv^2$ und zu zwei Drittel aus potentieller Energie (Energie im Gravitationsfeld der Erde) besteht, passiert Folgendes: Die Progress erhöht die kinetische Energie um sagen wir eine Einheit. Diese wird durch das Nach-außen-driften in potentielle Energie umgewandelt. Weil diese aber doppelt so viel kostet wie die kinetische, wird der ISS eine weitere Einheit kinetische Energie entzogen und beide kinetische Energieeinheiten in eine potentielle Energieeinheit gesteckt. Somit verliert die ISS effektiv kinetische Energie und fliegt daher auf einer höheren Bahn langsamer.

INTERSTELLARE ANTRIEBE

11

Was sind interstellare Antriebe, und welche haben die größten Chancen auf Realisierung?

Was sind interstellare Antriebe? Eigentlich ist dies kein stehender Begriff, sondern er meint Raumfahrtantriebe, die es ermöglichen, zwischen den Sternen und somit zu anderen Sternen zu fliegen. Im Prinzip kämen dafür alle Antriebe infrage, praktisch aber nur solche, die höchst effizient sind, also bei vorgegebenem Gesamtimpuls (= Schub × Brenndauer = das, was ein Raumschiff insgesamt vorwärtsbringt), einen möglichst kleinen Treibstoffverbrauch haben. Die Messgröße für diese Effizienz ist der sogenannte *spezifische Impuls*, kurz I_{sp} genannt. Die Effizienz ist deswegen von entscheidender Bedeutung, weil bei Antrieben nach dem Rückstoßprinzip der Treibstoff nahezu die gesamte Masse eines Raumschiffs ausmacht. Jede auch noch so geringe Effizienzsteigerung reduziert daher die Gesamtgröße eines interstellaren Raumschiffs deutlich. Antriebe, die nicht nach dem Rückstoßprinzip arbeiten (etwa Sonnensegel) sind für interstellare Reisen nicht relevant oder wie der Alcubierre-Antrieb (siehe Seite 91) zu fiktional.

Für Spezialisten

Der I_{sp} eines Antriebs ist sein »Gesamtimpuls pro Treibstoffgewicht« und hat die Einheit [Schub] × [Zeit] / ([Masse] × [Erdbeschleunigung]) = [Zeit]. Die Dimension *Zeit* mag zwar ungewöhnlich erscheinen, hängt aber damit zusammen, dass man den Schub des Antriebs nicht auf seine Treibstoffmasse (in kg) bezieht, sondern auf sein Gewicht (in Newton).

DIE KLASSIKER: CHEMISCHE ANTRIEBE

Der spezifische Impuls für klassische, nämlich chemische Antriebe (die werden beim Aufstieg ins All ausnahmslos bei allen Raketen eingesetzt) ist typischerweise I_{sp} = 300–400 s. Chemische Antriebe haben zwar die schlechteste Effizienz, aber einen so gigantischen Schub (die Saturn V hatte einen Startschub von 3400 Tonnen!), dass sie bis heute die einzigen sind, die uns gegen die Erdanziehung ins All bringen können. Wenn man aber einmal im All ist, hat man beliebig viel Zeit, um langsam auf immer höhere Geschwindigkeiten zu kommen. Und genau hier kommen die hocheffizienten Antriebe ins Spiel. Denn selbst zu den nächstgelegenen Sternen ist man viele Hundert Jahre unterwegs, egal mit welchen Antrieben (praktisch lassen sich nur etwa 10 % der Lichtgeschwindigkeit erreichen).

ELEKTRISCHE ANTRIEBE

Die effizientesten Antriebe, die heute bereits realisiert sind, sind die sogenannten elektrischen Antriebe, typischerweise Ionenantriebe oder Hallantriebe. Sie haben einen I_{sp} von 1500–4000 s. Noch verheißungsvoller ist der magnetoplasmadynamische VASIMR-Antrieb, der auf der ISS eingesetzt werden sollte und interstellar bis zu $I_{sp} = 20.000$ s ermöglichen könnte. Elektrische Antriebe verbrauchen zwar wesentlich weniger »Treibstoff pro Schub«, benötigen aber für die Beschleunigung der Treibstoffgase elektrische Energie, die von extern (meist Solarzellen) zugeführt werden muss. (Chemische Antriebe erzeugen diese Energie durch die chemische Verbrennung des Treibstoffs.) Weil interstellar kein Sonnenlicht zur Verfügung steht, benötigt man an Bord also ein eigenes Kraftwerk, das für interstellare Flüge einige Megawatt liefern muss, was einerseits nur mit Kernenergie möglich ist und andererseits wegen des hohen Eigengewichts einen großen Teil des Gewichtsvorteils durch geringere Treibstoffmenge wieder zunichtemacht.

Der Prototyp eines elektrischen 13 kW-Hall-Ionen-Antriebs während eines Tests am NASA's Glenn Research Center in Cleveland/USA. (Bild: NASA)

NUKLEARE ANTRIEBE

Warum dann nicht mit der Kernenergie den Treibstoff direkt erhitzen und so beschleunigen? Genau das machen Kernfissions-Antriebe (basierend auf Kernspaltung schwerer Kerne) oder gar Kernfusions-Antriebe (basierend auf Kernfusion leichter Kerne). NERVA war der erste gebaute Kernfissions-Antrieb, dessen Entwicklung in den 1960er-Jahren aber wegen fehlender Anwendung und der Ächtung von Kernwaffentests im Weltraum eingestellt wurde. NERVA und verbesserte Antriebe dieses Typs hätten einen $I_{sp} \approx 1000$ s.

Eine noch bessere Effizienz hätten nukleare Pulsantriebe mit $I_{sp} \approx 5000$–50.000 s. Nukleare Pulsantriebe sind für mich die besten Antriebe, die man sogar in naher Zukunft einsetzen könnte, vorausgesetzt alle Nationen sind sich einig, dass solche Antriebe keine nuklearen Waffen im Weltraum darstellen, und somit nicht geächtet sind. Ein interstellares Raumschiff zum nächstgelegenen 4,3 Lichtjahre entfernten Stern Alpha Centauri wäre mit nuklearem Pulsantrieb beim Start aber immer noch 400.000 t schwer, davon allein 300.000 t nuklearer Treibstoff, und bräuchte weit über 100 Jahre.

ANTIMATERIE-ANTRIEB

Der ultimative Antrieb wäre natürlich der Antimaterie-Antrieb, der mit einem theoretischen I_{sp} = 18.000.000 s (praktisch eher $I_{sp} \approx$ 1.000.000 s) nicht nur extrem effizient, sondern auch noch schubstark wäre. Aber nicht nur die Erzeugung vieler Tonnen von Antimaterie auf der Erde, sondern mehr noch die Speicherung von Antimaterie bei hoher Dichte im Raumschiff sind wahrscheinlich unlösbare Probleme, die die Realisierung eines solchen Antriebs in sehr weite Ferne rücken, wenn nicht gar unmöglich machen.

RAUMFAHRTANTRIEBE – WAS GINGE WIRKLICH?

12

Welche Raumfahrtantriebe sind innerhalb der nächsten 50 Jahre wirklich machbar? Eine Frage, die mir oft gestellt wird.

DIE PHYSIKALISCHEN GRUNDLAGEN

Die Aufgabe eines Raumfahrtantriebs ist es, eine Schubkraft zu erzeugen, die ein Raumschiff beschleunigt. Beschleunigung heißt Änderung der Geschwindigkeit Δv, und das wiederum bedeutet eine Impulsänderung $\Delta p = m_R \cdot \Delta v$, wobei m_R die Masse des Raumschiffs ist.

Warum erzähle ich das? Das Problem mit »Impuls« ist, dass es eine sogenannte physikalische Erhaltungsgröße ist. Man kann sie nicht einfach aus nichts erzeugen, sondern brauche ich Impuls, dann muss ich gleichzeitig dieselbe Menge umgekehrten Impulses erzeugen. Nehmen wir also an, das Raumschiff ruht anfangs, also $p = 0$, und ich brauche später $p = m_R \cdot v$, dann geht das nur, wenn gilt $m_R \cdot v_R - m_T \cdot v_T = 0$, wobei *T* für Treibstoff steht. Ich kann mich also nur dadurch nach vorn bewegen, indem ich Masse (Treibstoff) mit der Geschwindigkeit v_T nach hinten wegwerfe.

Ein anderes Beispiel: Wenn ich ein Boot rudere, dann »werfe« ich mit den Schaufeln der beiden Ruder Wassermasse nach hinten weg (wegen der Viskosität des Wasser mehr als nur die Wassermenge in den Schaufeln). Ich kann mich aber genauso gut auf das Boot stellen und Wasser oder Steine nach hinten wegwerfen. Beides nennt man das *Rückstoßprinzip*.

RÜCKSTOSSANTRIEBE

Beim Wegwefen der Steine (Treibstoff) habe ich zwei Möglichkeiten. Entweder werfe ich kleine (massenarme) Steine schnell weg oder große Steine langsamer. Stets erhalte ich wegen $m_T.v_T$ denselben Impuls nach hinten und somit denselben Impuls des Bootes nach vorn. Klassische Raumfahrtantriebe, sogenannte Rückstoßantriebe, funktionieren genau so. Dabei können chemische Antriebe extrem große Gasmassen mit Geschwindigkeiten von etwa 3–4 km/s ausstoßen und erreichen damit Schübe von 100 Tonnen und mehr. Elektrische Ionen- und Hallantriebe stoßen extrem kleine Mengen von Massen mit jedoch sehr großer Geschwindigkeit von etwa 30–40 km/s aus. Sie erreichen heute allerdings maximal 100 Gramm Schub und sind nur im Vakuum einsetzbar.

Entscheidend für den Vorschub ist nicht die Energie, wie viele Menschen glauben, sondern die großen Mengen weggeworfener Masse und deren Geschwindigkeit. Daher besteht ein Rauschiff mit Rückstoßantrieb typischerweise immer zu 90 % oder mehr aus Treibstoffmasse. Daran kommt auch Captain Kirks Unterlicht-Impulsantrieb nicht dran vorbei. Wo sind also die riesigen Tanks an der USS Enterprise?! Energie brauche in nur, um den Massen ihre Geschwindigkeit in Form von kinetischer Energie zu verleihen.

CHEMISCHE ANTRIEBE GEGEN ELEKTRISCHE ANTRIEBE

Damit sind die Einsatzbereiche schnell festgelegt. Beim Start braucht man wegen dem großen Anfangsgewicht der Rakete klassische chemische Antriebe und das wird (falls nukleare Antriebe weiterhin geächtet bleiben, siehe Seite 82) über Jahrhunderte so bleiben. Erst später im Vakuum des Weltraums, wenn man viel Zeit hat, um zu anderen Planeten zu fliegen, nimmt man Ionentriebwerke, die man durchgehend laufen lässt. Deren konstanter kleiner Schub erzeugt zwar nur eine sehr kleine Geschwindigkeitszunahme, aber auf die Dauer dann doch ein hübsches Δv.

Es gibt noch zwei wichtige Unterschiede zwischen beiden: Der Treibstoff chemischer Antriebe erzeugt die Energie zu seiner Beschleunigung selbst, indem er verbrannt wird und der Gasdruck ihn in der Brennkammer beschleunigt. Die Energie in Form von Strom zur Beschleunigung des Treibstoffs in Ionenantrieben muss von außen bereitgestellt werden. Bei 100 Gramm Schub typischer 50 kW (!). Heutzutage kann man riesige Solarzellen benutzen, die liefern genug Strom, aber wegen des abnehmenden Sonnenlichts nur bis etwa Mars. Darüber hinaus bräuchte man kleine Kernkraftwerke. Sogenannte RTGs (Radionuklidbatterien) sind dafür viel zu schwach. Dafür sind Ionentriebwerke und Hallantriebe jedoch 10-mal effizienter. Das bedeutet, sie brauchen für denselben Impulsgewinn nur ein Zehntel der Treibstoffmasse chemischer Antriebe. Da für Flüge zu anderen Himmelskörpern chemischer Treibstoff typischerweise 90–99 % des Raumschiffs ausmachen, ist das ein extrem großer Vorteil. Daher könnten sie in den nächsten 30–50 Jahren die interplanetare Raumfahrt beherrschen, wenn eine starke Stromquelle zur Verfügung steht – und deren großes Gewicht darf man nicht vergessen.

NUKLEARE ANTRIEBE

Ein Ausweg aus diesem Dilemma »große Schübe oder große Effizienz« hin zu »große Schübe und große Effizienz« wären nukleare Impulsantriebe wie etwa Projekt Orion oder Fusionsantriebe. Sie können ohne externe Energiezufuhr ebenfalls viele Tonnen Schub bei gleichzeitig bis zu 50 km/s Treibstoffgeschwindigkeit erzeugen, und sie arbeiten sogar unter atmosphärischen Bedingungen, wären also auch beim Start auf der Erde einsetzbar. Sie wären schätzungsweise in den nächsten 50–100 Jahren einsatzbereit. Wegen des *Vertrags über das Verbot von Kernwaffenversuchen in der Atmosphäre, im Weltraum und unter Wasser* aus dem Jahre 1963 sind solche Antriebe aber heute geächtet und nicht einsetzbar. Für größere Missionen in die Tiefen des Weltraums kommt man daran jedoch nicht vorbei.

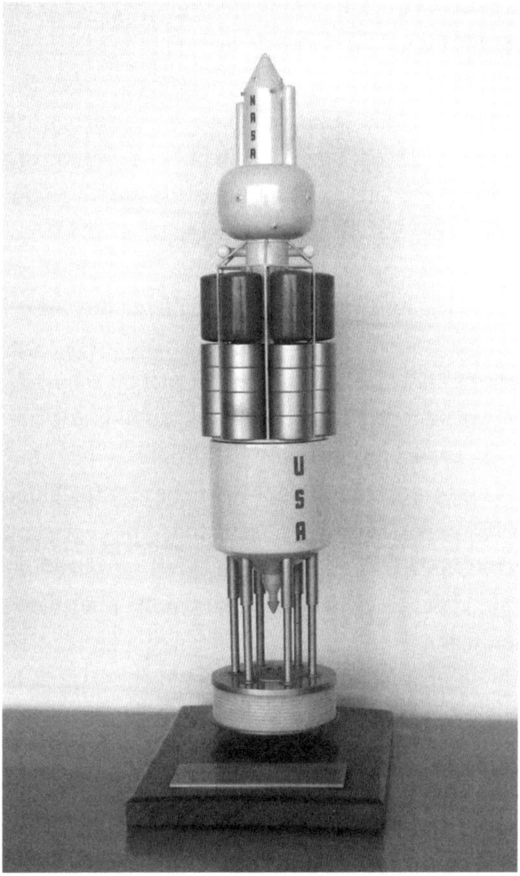

Model des nuklearen Pulsantriebs Orion der NASA aus den 1960er-Jahren. (Bild: Ulrich Walter)

Warum Treibstoff-Ballast mitnehmen, wenn man ihn auch unterwegs aufsammeln kann? Das war die Idee des Bussard Ramjet von Robert Bussard aus dem Jahre 1960. Selbst interstellarer Raum enthält viel ionisierten Wasserstoff. Mit einer Art Magnetfeldschaufel könnte man bei hohen Geschwindigkeiten diesen Wasserstoff einsammeln, in einem Reaktor an Bord fusionieren und den so ausgestoßenen Treibstoff als Antrieb nutzen. Meiner Meinung nach keine schlechte Idee, im Prinzip machbar, jedoch nicht in den nächsten 500 Jahren, weil die Herausforderungen für die technische Umsetzung extrem hoch sind.

WEG VOM RÜCKSTOSSPRINZIP

Das Grundübel aller Rückstoßantriebe ist, dass man sehr, sehr viel Treibstoff mitnehmen und dann wegwerfen muss, um Schub zu erzeugen. Ginge es auch ohne Rückstoßprinzip? Ja, wenn man sich von etwas abstoßen kann. Ein Auto beschleunigt ohne Massenausstoß, weil es sich von der Straße abstößt. Genau genommen erzeugt ein Auto seinen Impuls, indem es über die Räder der Erde einen nicht messbaren Drehimpuls verleiht. Nur wenn alle Autos der Welt gleichzeitig in dieselbe Richtung beschleunigen würden, könnte man das mit dem Ringlaser des geodätischen Observatoriums in Wettzell messen.

Wogegen kann sich ein Raumfahrzeug im Weltraum abstoßen? In der Nähe der Erde etwa vom Erdmagnetfeld. Im interplanetaren Raum des Sonnensystems ist das zwar verschwindend gering, dafür erzeugt der Sonnenwind ein Magnetfeld, das sich bis zu einer Entfernung mindestens doppelt so weit wie Pluto mit 300–800 km/s bewegt. Die Idee, sich mit einem raumschiff-internen Dipolfeld daran anzuhängen und sich mittreiben zu lassen und sogar die Richtung steuern zu können, war die Idee des M2P2-Antriebs. Mit heutigen Technologien könnte man so eine Sonde wie New Horizons nach drei Monaten auf 50–80 km/s beschleunigen und wäre so statt 9½ Jahre mit Fly-by-Flügen im Direktflug in 2½ Jahren beim Pluto. Diese Idee hat jedoch über eine Veröffentlichung und einigen ersten Versuchen hinaus keine große Beachtung gefunden. Schade, wie ich finde.

Abgesehen von diesem Konzept bin ich kein Anhänger von Sonnensegeln (Schub verringert sich mit dem Quadrat der Entfernung zur Sonne und ist somit nur in Sonnennähe einsetzbar), und von Lasersegel und Materiesegel halte ich ebenfalls nichts. Ich setze mich in kein Raumschiff, das auf jahrelange Energieversorgung von der Erde angewiesen ist. Wenn denen das Geld ausgeht, schalten die nämlich einfach ab, und ich hänge irgendwo zwischen Jupiter und Pluto.

ANTIMATERIEANTRIEB

Über die mit dem Rückstoßprinzip arbeitenden Antimaterieantriebe habe ich bereits im letzten Kapitel spekuliert und werde ich später noch spekulieren (siehe »Sind Reisen zu fernen Welten möglich?«, Seite 107 ff.). Obwohl prinzipiell machbar und mit extrem guter Effizienz und hohem Schub werden sie wegen der wohl extrem schwer beherrschbaren Speicherung von dichtem (also flüssigem) Anti-Wasserstoff sehr lange, wenn nicht für immer, nur ein Traum bleiben.

WARP-ANTRIEB – SO FUNKTIONIERT ER

13

Jeder kennt den unglaublichen Warp-Antrieb aus der Star-Trek-Serie. Aber wie funktioniert der Überlichtgeschwindigkeit-Antrieb eigentlich?

Der Warp-Antrieb (englisch: *Warp Drive*) aus der Star-Trek-Serie ist heute ein Synonym für Überlichtgeschwindigkeit-Antriebe. Dabei ist er weder ein Antrieb noch fliegt ein Raumschiff damit schneller als Lichtgeschwindigkeit. Trotzdem ist man mit einem Warp-Antrieb schneller am Ziel als Licht. Wie geht das? In den folgenden zwei Kapiteln werde ich Ihnen das erklären, danach können Sie selbst darüber oder über die Warp-Aktivitäten von Harold White vom NASA Eagleworks Laboratory am Johnson Space Center (JSC) in Houston urteilen.

WAS IST EIN WARP-ANTRIEB?

Ein Warp-Antrieb ist kein klassischer Antrieb basierend auf dem Rückstoßprinzip (Raketenprinzip), in dem Treibstoff rasch nach hinten ausgestoßen wird, um über die Impulserhaltung einen Vorschub zu erzeugen und so zu beschleunigen. Solche Raketenantriebe erhöhen die Geschwindigkeit im Raum, von der wir bereits heute wissen (siehe das Kapitel »Einstein-Trilogie – Nichts fliegt schneller als das Licht!« in meinem Buch *Im Schwarzen Loch ist der Teufel los*), dass sie nie (ich betone: NIE) größer sein kann als Lichtgeschwindigkeit. Nichts wird je im Raum schneller fliegen als das Licht. Punkt.

Ein Raumschiff mit Warp-Antrieb arbeitet ganz anders. Es bewegt sich nicht im Raum, dessen Geschwindigkeit darin ist also null. Stattdessen krümmt der Warp-Antrieb den Raum um das Raumschiff herum (warp = verformen, verwerfen), sodass Abstände in Bewegungsrichtung gestaucht und in der entgegengesetzten gedehnt werden. Dass Raum gekrümmt sein kann, habe ich im Kapitel »Wurmlöcher für Anfänger« in meinem Buch *Im Schwarzen Loch ist der Teufel los* beschrieben.

Raum zwischen dem Abflug- und Zielort kann so gekrümmt sein, dass ein Schlupfloch zwischen beiden entsteht. Eine solche Abkürzung zum Zielort nennt man ein Wurmloch. Beim Wurmloch muss der gesamte Raum zwischen Abflug- und Zielort großräumig so gekrümmt sein, dass man ein kurzes Schlupfloch zwischen beiden Orten bauen kann. Es lassen sich also nur, wenn überhaupt, sehr weit auseinanderliegende Teile des Universums miteinander verbinden. Der Warp-Antrieb arbeitet mit einem lokal begrenzten Raumkrümmungseffekt, der erstmals im Jahre 1994 von dem Physiker Alcubierre beschrieben wurde und nach ihm Alcubierre'sche Metrik (Warp-Metrik) genannt wird. Mit ihm könnte man auch relativ kurze Entfernungen, etwa zwischen zwei Sternen, schnell überwinden.

DIE IDEE VON ALCUBIERRE

Seine Idee war, den Raum um das Raumschiff herum so zu krümmen (das mathematische Konstrukt dazu ist eine Metrik), dass der Raumbereich, in dem das Raumschiff ruht, ungekrümmt bleibt. Diesen kugelförmigen, ungekrümmten zentralen Bereich nennt man auch *Warp-Blase*. Wie kann nun der Raum in der Nähe der Blasen-Oberfläche gekrümmt werden? Die Antwort ist dieselbe wie bereits beim Wurmloch: Mit negativer Energie. Was negative Energie ist und ob es sie überhaupt gibt, hatte ich im Kapitel »Kann negative Energie Wurmlöcher stabilisieren?« in meinem Buch *Im Schwarzen Loch ist der Teufel los* bereits beschrieben. Nehmen wir einmal an, es gibt negative Energie in größeren Mengen, also mehr als nur quantenphysikalisch darstellbar (siehe etwa Casimir-Effekt). Dann müsste die Warp-Blase ringförmig, also auf einem Ring senkrecht zur Bewegungsrichtung, auf ihrer Oberfläche mit dieser negativen Energie ausgekleidet werden. Diese negative Energie würde dann den Raum auf der einen Seite der Warp-Blase stark stauchen und auf der anderen ausdehnen.

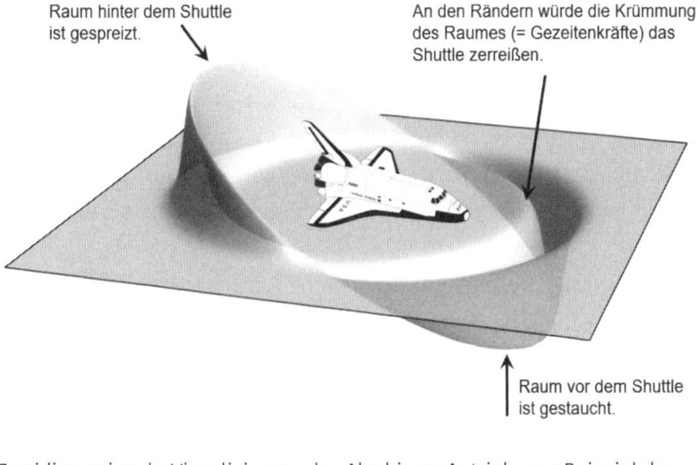

Zweidimensionale Visualisierung des Alcubierre-Antriebs am Beispiel des Space Shuttles in der Warp-Blase. Der Raum vor dem Shuttle ist gestaucht und dahinter gespreizt. (Bild: AllenMcC, Creative Commons/Ulrich Walter)

DER WARP-ANTRIEB IN AKTION

Wie kann man damit Entfernungen überwinden? Nehmen wir einmal an, ich will mit einem Heißluftballon von München nach Hamburg fahren (Ballone fliegt man nicht, man fährt sie). Kurz nach dem Aufstieg im Norden von München baue ich eine Warp-Blase mit Durchmesser 100 Meter um den Ballon herum auf. Sie beginnt den Raum vor mir nach Hamburg beschleunigt zu stauchen und hinter mir nach München zunehmend auszudehnen. Dies entspricht einer Beschleunigung meiner Warp-Blase in Richtung Hamburg, obwohl ich bei Windstille in ihr ruhe. Wenn ich derart auf der Hälfte zwischen München und Hamburg bin, baue ich die Beschleunigung meiner Warp-Blase wieder genauso schnell ab, sodass die Blase mit »Raumdehnungs-Geschwindigkeit« null in Hamburg ankommt. Die tatsächliche Dauer meiner »Fahrt« hängt davon ab, wie stark die Beschleunigung und Abbremsung der Ausdehnung des Raumes vor und hinter meiner Blase ist. Da das im Prinzip beliebig schnell geschehen kann, könnte ich die Strecke München-Hamburg auch in beliebig kurzer Zeit überbrücken, obwohl ich mit dem Ballon in meiner Raumblase ruhe.

Wenn ich beispielsweise dafür 1 Millisekunde bräuchte, hätte ich die 600 km lange Strecke München-Hamburg mit formal 2-facher Lichtgeschwindigkeit durchquert. Zu sagen, meine Geschwindigkeit war doppelte Lichtgeschwindigkeit, wäre nicht ganz richtig, denn das suggeriert, meine Geschwindigkeit im Raum wäre so groß gewesen. Tatsächlich hat sich mein Ballon im Raum überhaupt nicht bewegt!

So weit die Theorie. Aber die Sache hat mehrere dicke Haken. Die erkläre ich im nächsten Kapitel.

WARP-ANTRIEB – DER HAKEN MIT DER NEGATIVEN ENERGIE

14

Hier wird der Warp-Antrieb auf den Teststand gestellt – mit nicht gerade erfreulichen Ergebnissen.

Ich habe Ihnen ja eben am Beispiel der Enterprise von Captain Kirk und einer Ballonfahrt von München nach Hamburg erklärt, wie ein Warp-Antrieb überhaupt arbeitet und eigentlich gar kein Raumfahrtantrieb ist. Tatsächlich kann er auch gar nicht Überlichtgeschwindigkeit »fliegen«. Trotzdem kommt man mit ihm vorwärts!

WARP-ANTRIEBE BRAUCHEN RICHTIG VIEL NEGATIVE ENERGIE

So ein Warp-Antrieb hat mehrere Haken. Ein richtig großer, obwohl nicht der größte, wie wir später sehen werden, ist die Frage, ob es überhaupt negative Energie in größeren Mengen gibt, was ich nicht glaube (siehe das Kapitel »Kann negative Energie Wurmlöcher stabilisieren?« in meinem Buch *Im Schwarzen Loch ist der Teufel los*). Was bedeutet »größere« Mengen? Für eine Warp-Blase mit 200 m Durchmesser, die sich im Mittel mit 10-facher Lichtgeschwindigkeit bewegt, braucht man zehn Milliarden Mal mehr negative Materie (umgerechnet aus $E = mc^2$) als das sichtbare Universum insgesamt an normaler positiver Materie besitzt!

Im Jahre 1999 gelang es zwar einem gewissen Van den Broeck, den Bedarf an negativer Masse theoretisch auf einige Sonnenmassen zu reduzieren. Dazu nahm er eine »Blase in einer Blase« an, wodurch er die Warp-Blase im Inneren ausdehnen aber von außen gesehen schrumpfen konnte, sodass sie nur noch so groß wie eine Stecknadelspitze (exakt 6×10^{-15} m Durchmesser) ist. Was aber theoretisch ein großer Fortschritt sein mag, ist praktisch nach wie vor bedeutungslos. Warum sind, egal wie man es anstellt, solche gigantisch großen Mengen an Energie notwendig? Der Grund ist die Steifigkeit des Raumes. Die sogenannten Vakuumfluktuationen versteifen den Raum so stark, dass er sich wie eine kilometerdicke Stahlstange kaum mehr krümmen lässt. Soll der Raum zudem auf kurze Distanzen gekrümmt sein, steigen die für die Krümmung notwendigen Energien, egal ob positiver oder negativer Art, ins Unermessliche.

NEGATIVE ENERGIE KOSTET EXTRA

Obwohl wir noch nicht wissen, ob man jemals größere Mengen an negativer Energie bereitstellen kann, wissen wir heute schon durch die Heisenberg'sche Unschärferelation, in welchen Bedingungen dies möglich sein kann. Negative Energie kann nur in Zeitpulsen zur Verfügung gestellt werden und zwar:

1. Je mehr negative Energie ich brauche, umso kürzer ist der Puls. Die Pulse liegen typischerweise im Bereich Mikrosekunden oder kürzer.
2. Jedem Puls negativer Energie muss ein Puls mit größerer positiver Energie folgen.
3. Je länger die Zeit zwischen dem negativen und positiven Puls, umso größer muss der positive sein.

Fazit: Warp-Flüge sind von extrem kurzer Dauer, maximal einige Mikrosekunden. Und für die Bereitstellung negativer Energie braucht man nicht nur mindestens genauso viel positive Energie, sondern weil der Warp-Flug mit der negativen Energie Zeit dauert, muss die positive Energie, die danach für die negative zur Verfügung gestellt werden muss, extrem viel größer sein.

WER BRINGT DIE NEGATIVE ENERGIE AN DIE BLASE?

Noch problematischer ist folgende Tatsache, auf die ein gewisser Serguei Krasnikov hinwies: Die negative Energie muss bereits vorher entlang der Strecke angebracht sein. Da negative Energie nur extrem kurz existieren kann, die Blase sich aber beliebig schnell bewegen kann, bedeutet das, dass die negative Energie entlang der Strecke mit Überlichtgeschwindigkeit angebracht werden muss, was natürlich nicht geht. Nur wenn sich die Blase mit Unterlichtgeschwindigkeit bewegt, bräuchte man die Energie auch nur mit Unterlichtgeschwindigkeit anbringen. Aber der Kick der Warp-Blase ist ja gerade der, eine Strecke in Überlichtgeschwindigkeit überbrücken zu können.

EINE WARP-BLASE IST NICHT STEUERBAR

Außerdem lässt sich die Bewegungsrichtung einer Warp-Blase von innen nicht beeinflussen, denn die Warp-Blase ist bei Überlichtgeschwindigkeitsbetrieb von der Außenwelt kausal getrennt. Sie kann nur dorthin fliegen, wo die negative Energie zuvor angebracht wurde. Das bedeutet aber auch, dass »jemand« die Energie auf der Strecke anbringen muss, bevor Captain Kirk sie abfliegt – gar nicht gut für sein Ego.

GRÄBT SICH DER WARP-ANTRIEB SEIN EIGENES GRAB?

Die enormen Mengen negativer Energie müssen nicht nur irgendwie bereitgestellt werden, sondern dürfen am Blasenrand auf nur 10^{-32} Meter (!) Dicke verteilt sein. Selbst ein Atom mit einem Durchmesser von etwa 10^{-10} m ist demgegenüber ein Elefant. Das Hantieren mit solch extrem großen Mengen negativer und positiver Energie auf diesen extrem kleinen Abständen kann sofort zu Massen-Singularitäten wie einem Schwarzen Loch führen, in dem der Warp-Antrieb auf Nimmerwiedersehen verschwände. Es kann sogar gut sein, dass der Bereitstellungs- und Verteilungsprozess auf so kleinen Skalen unweigerlich dazu führen muss, so vermuten einige Wissenschaftler, aber genau hat das noch keiner berechnet.

Im nächsten Kapitel schauen wir uns weitere Argumente an, die den Warp-Antrieb nicht nur problematisch machen, sondern ihm sogar den Todesstoß geben.

DER TODESSTOSS FÜR DEN WARP-ANTRIEB

15

Die gigantischen Mengen negativer Energie, die der Warp-Antrieb benötigt, sind zwar ein dicker Haken, aber was ihm den Garaus macht, ist seine versteckte Unlogik.

Die Mengen negativer und positiver Energien für einen Warp-Flug sind irrwitzig groß, das hatte ich eben aufgezeigt. Aber es gibt noch manch andere Argumente gegen den Warp-Antrieb.

ACHTUNG, BLASENRAND!

Fangen wir mit einem lebensgefährlichen aber immer noch kleinen Haken an. Wie bereits früher beschrieben hat ein Warp-Antrieb eine Warp-Blase mit einem ungekrümmten zentralen Bereich, in dem das Raumschiff ruht, und einem räumlich stark gekrümmten Bereich am Blasenrand, erzeugt durch einen dort positionierten extrem schmalen Ring bestehend aus jeder Menge negativer Energie. Captain Kirk muss sich peinlichst genau von diesem Blasenrand fernhalten. Am besten, er bewegt seine Enterprise überhaupt nicht vom Zentrum der Blase weg, denn zum Rand hin nimmt die Raumkrümmung zu. Da gemäß Einsteins Allgemeiner Relativitätstheorie (ART) Raumkrümmung mit einer Gravitationskraft identisch ist und Änderungen der Raumkrümmung sogenannte Gezeitenkräfte erzeugen, würde das Raumschiff zu den Rändern hin durch diese Gezeitenkräfte ziemlich schnell zerrissen.

VOM WARP-ANTRIEB GEBRATEN

In einer Veröffentlichung aus dem Jahre 2012 wiesen McMonigal und seine Mitarbeiter auf folgendes Problem hin. Durch die extreme Geschwindigkeit der Warp-Blase werden Wellenstrahlen, die von vorn auf die Blase treffen, etwa Sternenlicht aber auch das der überall existierenden kosmischen Hintergrundstrahlung, so stark blauverschoben, dass die gesamte Besatzung des Raumschiffs in dieser extrem energiereichen Strahlung verbrät. Außerdem wird bei der Entschleunigung der Blase kurz vor dem Zielort so viel harte Teilchenstrahlung auf der Vorderseite wieder abgegeben, dass die Menschen am Zielort gebraten werden.

LOGISCHE INKONSISTENZEN DURCH WARP-ANTRIEBE

Die dicke Keule, die alles infrage stellt, ist ein Problem, auf das ein gewisser Allen Everett hinwies. Mit einem Warp-Antrieb, der im Kreis fliegt, ließen sich geschlossene zeitartige Weltlinien erzeugen. Dies bedeutet insbesondere, dass man mit kreisenden Warp-Antrieben in der Zeit zurückreisen könnte, was wiederum die Kausalität in unserem Universum auf den Kopf stellt; Wirkungen treten zeitlich vor ihren Ursachen auf.

Hier das sogenannte Selbstzerstörungs-Paradox als ein Beispiel für logische Inkonsistenz: Ein Eindringling auf der Enterprise will das

Raumschiff zerstören und sendet per Knopfdruck ein Zerstörungssignal aus. Das läuft per Warp-Antrieb im Kreis und kommt so vor dem Knopfdruck auf der Enterprise an, wo es die Enterprise zerstört, bevor der Eindringling den Knopf drücken konnte. Da deswegen der Knopf aber gar nicht gedrückt wurde, wurde auch kein Zerstörungssignal ausgesandt, das die Enterprise hätte zerstören können. Weshalb der Knopf gedrückt und das Zerstörungssignal ausgesandt werden konnte. Wurde die Enterprise nun also zerstört oder nicht?

Zeitschleifen rückwärts in der Zeit können zu solch logischen und somit unbehebbaren Inkonsistenzen führen. Weil eine Welt ohne Kausalität inkonsistent wäre, Kausalität also den Zement unseres Universums darstellt, stehen alle Wissenschaftler geschlossen hinter Hawkings chronology protection conjecture, das Kausalität als minimale Eigenschaft in unserer Welt fordert.

Wie kann es sein, dass eine gestandene Theorie wie Einsteins ART solch logische Inkonsistenzen liefert? Der Großteil der Wissenschaftler, und dem schließe ich mich an, ist davon überzeugt, dass der Grund die Unvollständigkeit der ART ist, denn sie ist eine klassische Feldtheorie und beinhaltet keine Quanteneffekte. Es wird erwartet, dass erst eine Theory of Everything, die beides in einer konsistenten Theorie vereinigt, wie etwa die Stringtheorie oder der Schleifenquantengravitation, solche Inkonsistenzen beseitigt. Das wäre dann aber das definitive Ende des Warp-Antriebs und der Wurmlöcher.

All diese Probleme sind bei Star Trek natürlich ausgeblendet, was man den Autoren der Serie jedoch nicht vorwerfen kann, denn die Probleme der Warp-Metrik begann man erst zu verstehen, nachdem die Warp-Idee, die es seit Einstein gibt, in den 1960er-Jahren in Star Trek eingesetzt wurde.

FORSCHT DIE NASA AM WARP-ANTRIEB?

Marc Millis war von 1996 bis 2002 Leiter von NASAs Breakthrough Propulsion Physics Programms und beschäftigte sich damals unter anderem mit dem Warp-Antrieb. Rückblickend sagt er heute dazu: Er funktioniert nicht, obwohl sehr interessant.

Millis arbeitet heute in der Tau Zero Foundation, die die Möglichkeiten interstellarer Flüge untersucht. Eine Art Nachfolgeprogramm ist heute das NASA Eagleworks Laboratory am Johnson Space Center (JSC) in Houston. Dies scheint aber nicht offiziell von der NASA gefördert, da es auf den Web-Seiten der NASA keine eigene Seite besitzt, sondern nur in Facebook, und nur am Rande von NASAs offiziellen In-Space-Propulsion-Systems erscheint.

Zudem scheint es nur eine Person zu geben, die Eagleworks ausmacht, nämlich Harold White. Der hat zwar im Jahre 2010 ein Eagleworks-Programm geschrieben. In dem taucht aber nicht die Forschung an einem Warp-Field auf, also ob und wie es funktionieren kann, sondern er hat ein Interferometer entwickelt, mit dem er angeblich eine mikroskopisch kleine Warp-Blase nachweisen könnte, wenn es sie gäbe. Auf diesen Aktivitäten basieren die Berichte von Focus und der New York Times.

Ansonsten scheint die NASA genervt vom Hype um den Warp Drive, denn in ihrer letzten Mitteilung dazu vom 10. März 2015 stellt der NASA Administrator (und das ist kein Geringerer als ihr Chef Charles Bolden) dazu fest: »*Science-fiction-Schreiber haben uns viele Vorstellungen zu interstellaren Flügen gegeben, aber Fliegen mit Lichtgeschwindigkeit ist zurzeit einfach fiktiv.*«[6]

Und ich möchte hinzufügen: Es scheint so zu sein, also würde das auch so bleiben. Fazit: Die NASA forscht zurzeit offiziell nicht am Warp-Antrieb, aber es gibt dort einzelne Personen, die können einfach ihre Finger nicht davon lassen. Und das ist gut so. Denn, um es in den Worten von Marc Millis zu formulieren:

Es funktioniert nicht, ist aber sauinteressant.

6 www.nasa.gov/centers/glenn/technology/warp/warp.html

SWING-BY-MANÖVER – PER HUCKEPACK DURCHS SONNENSYSTEM

16

Klassische Antriebe allein reichen nicht aus, um unser Sonnensystem zu verlassen. Das geht nur mit zusätzlichen Tricks, den Swing-by-Manövern.

Reisen mit einem Raumschiff durch unser Sonnensystem funktioniert leider nicht so wie etwa Reisen mit dem Auto durch Europa, obwohl sich das mancher vielleicht so vorstellt. Es gibt da zwei zusätzliche Probleme. Man kann im Weltraum nicht auf einer festen Straße fahren wie mit dem Auto, sondern wir haben nur Antriebe, die nach dem sehr ineffizienten Rückstoßprinzip funktionieren (siehe »Raumfahrtantriebe – Was ginge wirklich?«, Seite 83 ff.). Außerdem muss man, um die Schwerkraft der Erde und dann noch die der Sonne zu verlassen, sozusagen ständig bergauf fahren, was einen zusätzlichen hohen Antriebsbedarf verursacht.

DER ANTRIEBSBEDARF Δv ...

In der Raumfahrt gibt es einen handlichen Begriff für den Antriebsbedarf, den sogenannten delta v, kurz Δv. Das ist die Geschwindigkeitsänderung, die ich bei einem Schubmanöver brauche, um zu einem bestimmten Ziel zu kommen. Will ich zum Beispiel von der Startrampe in einen niedrigen Erdorbit, dann brauche ich $\Delta v = 9$ km/s. Um von dort in einen Mondorbit zu kommen, brauche ich zusätzlich $\Delta v = 4{,}8$ km/s.

Um vom Erdorbit aus das Schwerefeld der Erde vollständig zu verlassen, brauche ich zusätzlich $\Delta v = 3{,}2$ km/s, zusammen also $\Delta v = 9 + 3{,}2$ km/s $= 12{,}2$ km/s. Um dann noch das Schwerefeld der Sonne vollständig zu verlassen, also um zu anderen Sternensystemen zu fliegen, zusätzlich nochmals $\Delta v = 12{,}3$ km/s. Der Antriebsbedarf einer Rakete auf der Startrampe bis zum Verlassen des Sonnensystems beträgt also $\Delta v = 12{,}2 + 12{,}3$ km/s $= 24{,}5$ km/s.

... UND WAS DER AN TREIBSTOFF KOSTET

Das wirklich schöne am Antriebsbedarf Δv ist, dass man mit der Raketengleichung daraus und für einen gegebenen Antriebstyp den Treibstoffbedarf einer Rakete direkt berechnen kann. Nehmen wir einen durchschnittlichen chemischen Antrieb mit einer mittleren Ausstoßgeschwindigkeit von 3,5 km/s, dann wäre gemäß der Raketengleichung der Treibstoffbedarf der Rakete $m_T = m_N \cdot \exp(\Delta v/3{,}5)$. Dabei ist m_N die Nutzlast der Rakete, also das Raumschiff bzw. die Sonde, und exp die Exponentialfunktion.

Ein Beispiel: Wie groß muss meine Rakete sein, mit der ich ein Mondlandegerät mit $m_N = 1$ Tonne auf die Mondoberfläche bringen will, ohne Rückflug? Nun, ich muss in den Erdorbit (9 km/s), von dort in den Mondorbit (4,8 km/s) und dann noch auf dem Mond hinabsteigen (1,6 km/s), alles in allem $\Delta v = 15{,}4$ km/s. Wenn ich das in $m_T = m_N \cdot \exp(\Delta v/3{,}5)$ einsetze, erhalte ich 81 Tonnen Treibstoff. Zusammen mit dem Mondlandegerät und einer Raketenstrukturmasse von etwa 10 % der Treibstoffmasse muss die Rakete auf der

Startrampe mindestens 90 Tonnen schwer sein. Das Nutzlastverhältnis ist dann 1/90 = 1,1 %. Also nur 1,1 % von der Gesamtmasse der Rakete ist das Mondlandegerät.

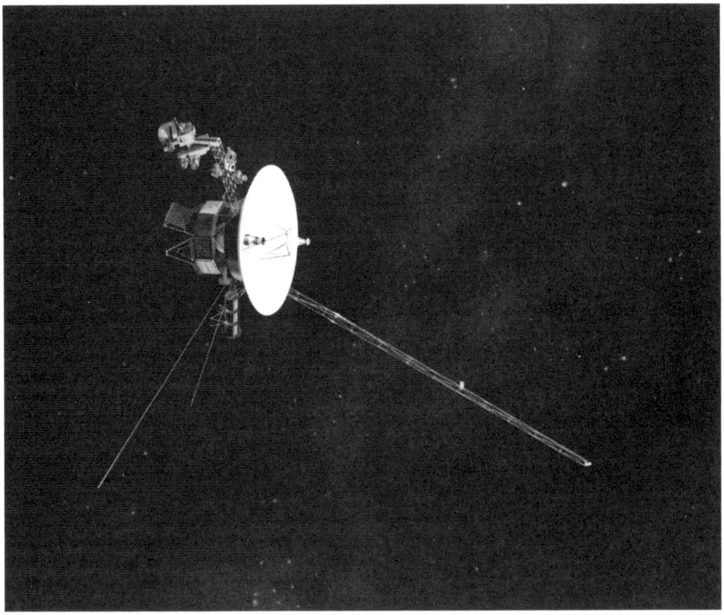

Die Voyager-Sonde (Bild: NASA)

DAS VOYAGER- UND PIONEER-PROBLEM

Im Jahre 1977 schickte die NASA vier Raumsonden, Voyager 1 + 2 und Pioneer 10 + 11, zu Flügen zu den äußeren Planeten und dann in die Tiefen des Weltraums. Voyager 2 hat inzwischen das Sonnensystem verlassen und fliegt mit 15,4 km/s in Richtung des Sterns Ross 248. Wie groß hätte die Rakete sein müssen, um Voyager 2 auf diese Endgeschwindigkeit zu bringen? Die Antwort lautet:

$$\Delta v = \sqrt{24{,}5^2 + 15{,}4^2}\ \text{km/s} = 28{,}9\ \text{km/s}$$

Voyager 2 hatte ein Gewicht von $m_N = 721$ kg. Daher hätte die NASA eine Rakete mit mindestens $m_T = 0{,}721 \cdot \exp(28{,}9/3{,}5) + 10\,\%$ Tonnen = 3057 Tonnen haben müssen, wobei das Nutzlastverhältnis nur 0,024 % gewesen wäre. Selbst die bis heute mächtigste Rakete der Welt, die Saturn V, hatte eine Startmasse von nur 2935 Tonnen. Das hätte also nie funktioniert. Auch Rosetta hätte im letzten Jahr ihr Ziel den Kometen Churyumov-Gerasimenkow eigentlich gar nicht erreichen können. Wie haben das die NASA und ESA trotzdem geschafft?

DIE IDEE: SWING-BY!

So etwas geht nur mit einem besonderen Trick, dem Fly-by- oder Swing-by-Manöver. Bei so einem Manöver fliegt die Sonde ganz nahe an einem Planeten vorbei, durchfliegt sein Gravitationsfeld und kommt in einer etwas anderen Flugrichtung aber mit erhöhter Geschwindigkeit aus dem Feld wieder heraus. Man muss sich das vorstellen, wie wenn ein Skateborder sich kurzzeitig an einen vorbeifahrenden Bus anhängt, dabei an Geschwindigkeit gewinnt und dann wieder loslässt.

WARUM SWING-BY TROTZDEM FUNKTIONIERT

Es wird manchmal eingeworfen, das könne nicht funktionieren, weil bei einem Durchflug durch ein Gravitationsfeld die Austrittsgeschwindigkeit exakt so groß wie die Eintrittsgeschwindigkeit sein muss und daher keine Geschwindigkeit gewonnen werden kann. Das ist zwar richtig, aber diese Betrachtungsweise gilt im ruhenden planetaren System. Am Ende interessiert aber nur die Geschwindigkeit im Sonnensystem, und darin bewegt sich der Planet und reißt über seine Schwerkraft die vorbeifliegende Sonde mit.

Ein anderer Einwand ist der, die Sonde gewinne bei einem Swing-by Geschwindigkeit und somit Impuls, der wegen der Impulserhaltung aber irgendwo herkommen muss. Die Antwort darauf ist: Die liefert der Planet. Der verliert nämlich dafür etwas Impuls $m \cdot v$. Weil aber dessen Masse im Vergleich zu der der Sonde riesig ist, ist seine Geschwindigkeitsabnahme unmessbar gering.

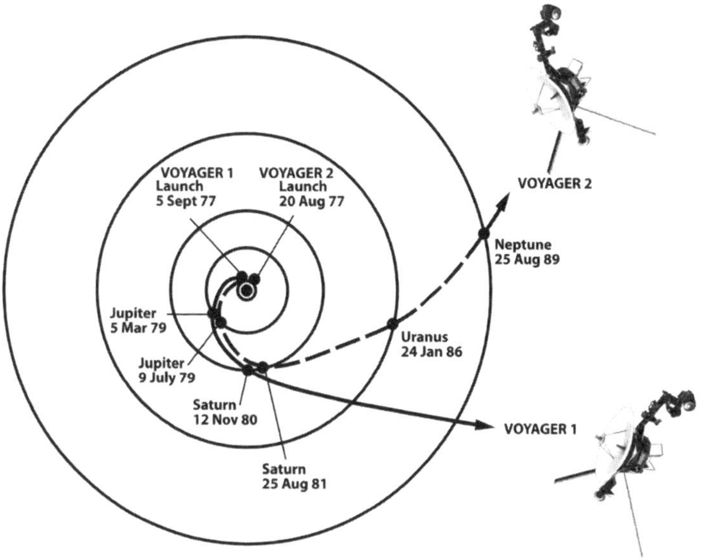

Die Bahnen von Voyager 1 und Voyager 2 mit ihren Swing-bys an Jupiter, Saturn, und Uranus, Neptun (nur Voyager 2). (Bild: NASA/Ulrich Walter)

NUR EINMAL ALLE 189 JAHRE!

Ein Swing-by an einem einzigen Planeten hätte für die beiden schweren Voyager-Sonden aber nicht gereicht, um das Sonnensystem zu verlassen. Voyager 1 brauchte mindestens zwei, an Jupiter und Saturn, und Voyager 2 machte sogar vier, zusätzlich an Uranus und Neptun. Die beiden letzten wären für den Geschwindigkeitsgewinn nicht unbedingt notwendig gewesen, aber verschafften der NASA die Möglichkeit, Fotos von allen äußeren Planeten zu machen. Dazu mussten aber Jupiter, Saturn, Uranus und Neptun genau so hintereinanderstehen, dass der Flug an ihnen vorbeiführte.

Wie oft kommt so eine Konstellation vor? Nur alle 189 Jahre! Dies wissend musste die NASA damals parallel zu den bemannten Mondflügen ihr ganzes Können aufbringen, um innerhalb nur weniger Jahre so komplizierte Missionen zu entwickeln und sie später erfolgreich durchzuführen. Eine wirklich große Tat, die die NASA damals vollbrachte, von der wir noch heute mit den wundervollen Bildern und den wissenschaftlichen Daten ihrer inzwischen interstellaren Reise profitieren.

SIND **REISEN ZU FERNEN WELTEN** MÖGLICH?

17

Nehmen wir einmal an, ein Asteroid wäre auf Todeskurs auf die Erde. Gäbe es für die Menschheit die Möglichkeit, zu erdähnlichen Planeten auszuwandern, um unser Überleben zu sichern?

Die im April 2015 entdeckten Planeten Kepler-438b und Kepler-442b sind aus zwei Gründen faszinierend. Zum einen, weil das zu Spekulationen über außerirdisches Leben und Zivilisationen Anlass gibt (obwohl ich im Kapitel »Erdähnliche Planeten gefunden, wo sind die Außerirdischen?« in meinem Buch *Im Schwarzen Loch ist der Teufel los* gezeigt habe, dass diese beiden Planeten nur eventuell primitive Lebensformen, aber wohl kaum Außerirdische beheimaten können). Zum anderen, würde es sich dann nicht lohnen, einmal dorthin zu fliegen, oder gar dorthin auszuwandern? Das setzt voraus, dass es technisch möglich ist, zu anderen Sternen zu fliegen. Wäre das möglich? Für eine Antwort interessiert uns hier kein Fiction, sondern ausschließlich Science.

GRENZFALL LICHTGESCHWINDIGKEIT

Was Wissenschaftler in solchen Fällen regelmäßig machen ist, sich zunächst einen einfachen Grenzfall anzuschauen und den dann der Realität anzupassen. Wenn man zum Beispiel wissen will, wie lange ein Apfel braucht, um von einem 10 Meter hohen Baum auf den Boden zu fallen, dann wendet man zuerst das reine Fallgesetz von Newton an, aus dem folgt: Flugzeit = Wurzel aus 2x Fallhöhe / Erdbeschleunigung = 1,43 Sekunden. Erst dann verfeinert man das Ergebnis, indem man die Zentrifugalkraft der Erdrotation und die Luftreibung mit berücksichtigt.

So machen wir es auch hier. Aus dem Kapitel »Einstein Trilogie – Nichts fliegt schneller als das Licht!« in meinem Vorgängerbuch *Im Schwarzen Loch ist der Teufel los* wissen wir, dass aus logischen Gründen die Lichtgeschwindigkeit die absolute Grenzgeschwindigkeit in unserem Universum ist. Kepler-438b und Kepler-442b sind 473 ± 65 bzw. 1115 ± 65 Lichtjahre von uns entfernt. Das bedeutet, selbst mit Lichtgeschwindigkeit bräuchte man 473 bzw. 1115 Jahre, um dorthin zu gelangen. Wir wissen aber auch, dass diese Zeiten ein externer Beobachter, etwa ein Astronom auf der Erde, misst. Die Zeit, die die Reisenden selbst erfahren, die sogenannte Eigenzeit, ist aber bekanntlich null. In Nullkommanichts ist man da, theoretisch jedenfalls. Das ist das einfache Ergebnis für den Grenzfall Lichtgeschwindigkeit.

... SINNVOLL ABER NUR 10 % DAVON

Jetzt kommen die Abstriche durch die Realität. Nur massenlose Teilchen können Lichtgeschwindigkeit fliegen. Massenbehaftete Raumschiffe brauchen zunehmend Energie, um sich dieser Grenzgeschwindigkeit zu nähern. Konkret, mit dem heutzutage besten chemischen Antrieb (kryogener Wasserstoff/Sauerstoff wie beim Space Shuttle, siehe »Interstellare Antriebe«, Seite 79 ff.) bräuchte ein interstellares Raumschiff mit einer Masse von nur 1000 Tonnen (also nur 10-mal so schwer wie ein Shuttle) zum Erreichen von 90 % Lichtgeschwindigkeit etwa $10^{47.953}$ Tonnen Treibstoff. Man bedenke, dass unser einsehbares Universum nur 10^{52} Tonnen Masse beinhaltet. Mit chemischen Antrieben kommt man also nicht einmal ansatzweise an Lichtgeschwindigkeit heran. Nur mit dem ultimativen Raumantrieb, dem Antimaterie-Antrieb wäre das überhaupt denkbar. Er bräuchte für 90 %, 99,9 % und 99,9999 % der Lichtgeschwindigkeit-Tanks mit Abmessungen von 55 m × 55 m × 55 m, 220 m × 220 m × 220 m, bzw. 1,6 km × 1,6 km × 1,6 km. Wir wissen aber bis heute nicht, ob der überhaupt realisierbar wäre, denn das Problem, wie man so viel Anti-Wasserstoff herstellen kann, ist extrem schwierig und das Problem, Antimaterie in neutraler flüssiger Form zu speichern, nicht einmal prinzipiell gelöst. Wie fortschrittlich auch immer unsere Zivilisation oder andere Zivilisationen dort draußen sein mögen, die materiell sinnvolle Geschwindigkeitsgrenze interstellarer Raumschiffe liegt daher irgendwo bei 10 % der Lichtgeschwindigkeit.

... PRAKTISCH NOCH VIEL WENIGER

Nehmen wir also an, unser Raumschiff besäße einen Antimaterie-Antrieb und würde auf 10 % Lichtgeschwindigkeit beschleunigen und kurz vor Kepler-438b und Kepler-442b wieder auf Sternengeschwindigkeit abbremsen. Wie lange wäre das Rauschiff in Eigenzeit unterwegs? Die Mathematik dahinter ist ziemlich kompliziert. Das Ergebnis lautet: Bis Kepler-438b wäre das Raumschiff etwa 540 Jahre und bis Kepler-442b etwa 1276 Jahre unterwegs. Würde man mit dem besten Antrieb fliegen, der heute eventuell machbar wäre, nämlich einem nuklearen Pulsantrieb (siehe »Interstellare Antriebe«, Seite 79 ff.), und ihm einen Tank mit 1.000.000 Tonnen Wasserstoff spendieren, dann wäre die Endgeschwindigkeit des 1000-Tonnen-Raumschiffs 1690 km/s, und es bräuchte etwa 83.800 Jahre bis Kepler-438b und 198.000 Jahre bis Kepler-442b.

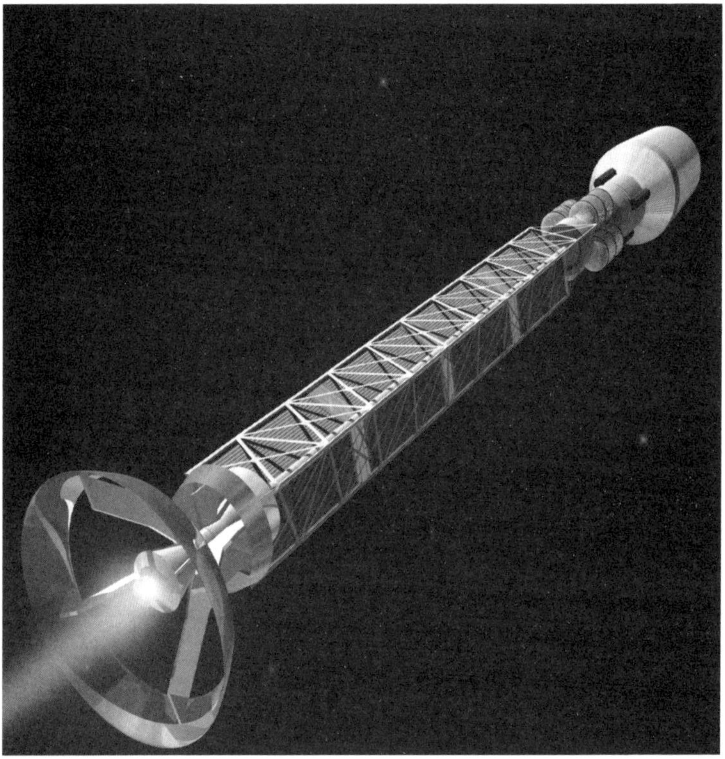

So stellt sich die NASA ein zukünftiges Raumschiff mit Antimaterie-Antrieb vor. (Bild: NASA/MSFC)

WIR NICHT – UND DIE WOHL AUCH NICHT

Die Antwort auf die ursprüngliche Frage »Sind Reisen zu fernen Welten möglich und ließe sich so die Existenz der Menschheit durch Auswanderung zu anderen Sternensystemen sichern?« lautet also: Im Prinzip ja, praktisch jedoch weder heute noch in ferner Zukunft. Die Menschheit könnte in unserem Sonnensystem ohne bewohnbare Erde daher nur auf Raumarchen, also riesigen Kolonien auf Stationen im Weltraum, oder auf dem Mars überleben, den man vorher jedoch terraformen müsste.

Was für uns gilt, gilt natürlich genau so auch für eventuelle außerirdische Zivilisationen. Auf Sternen, die näher als 10 Lichtjahre von uns entfernt liegen, gibt es keine Außerirdischen, denn deren Planeten kennen wir alle sehr genau. Existieren sie auf erdähnlichen Planeten weiter als 10 Lichtjahre von uns entfernt, dann brauchen sie mindestens 1000 Jahre, um uns zu erreichen. Das ist der wahre Grund, warum bei uns noch keine Außerirdischen aufgetaucht sind. UFOs können einfach keine Außerirdische sein, sondern, so die Abkürzung, unbekannte Flugobjekte im Sinne von »unklare Phänomene im Luftraum«. Wenn UFOs tatsächlich Außerirdische wären, die mehr als 1000 Jahre Flug auf sich genommen haben, um zu uns zu reisen, dann spielen die nicht lange Katz und Maus mit uns. Ihr Besuch kann nur eines bedeuten: Sie sind hier, um ihr Überleben zu sichern – ohne uns.

SIND **ZEITREISEN** IN DIE ZUKUNFT MÖGLICH?

18

Am 21. Oktober 2015 war »Zurück in die Zukunft«-Tag. Der perfekte Anlass, sich Gedanken darüber zu machen, ob Zeitreisen überhaupt möglich sind.

Keine Frage, die Science-Fiction-Film-Trilogie *Zurück in die Zukunft* aus den Jahren 1985, 1989 und 1990 ist Kult. Weil am 21. Oktober 2015 »Zurück in die Zukunft«-Tag war, wurde in allen Cinemaxx-Theatern deutschlandweit die komplette Trilogie gezeigt. Warum der 21. Oktober 2015?

Weil die beiden Protagonisten des Films, Marty McFly und Doc Brown, als Zeitreisende vom 28. Oktober 1985 kommend am 21. Oktober 2015 um 16:29 h im kalifornischen Hill Valley landen. Das ist zwar nach deutscher Zeit der 22. Oktober 01:29 h, doch so pingelig wollen wir nicht sein. Sonst müssten wir in Deutschland in jedem Jahr den 21. Juli 03:56 h als Datum feiern, an dem Neil Armstrong als erster Mensch seinen Fuß auf den Mond setzte und nicht den 20. Juli um 21:56 h nach amerikanischer Zeitrechnung.

In der deutschen Synchronisation des Films ist der 21. Oktober 2015 fälschlicherweise ein Dienstag. Den offiziellen Grund für diesen Irrtum kennt man nicht. Ich vermute, die Deutschen glaubten, cleverer zu sein als die amerikanischen Film-Autoren und mit Schalttagen besser umgehen zu können. Denn das dazwischenliegende Jahr 2000 war ein ganz, ganz besonderes Jahr. Normalerweise haben durch 100 teilbare Jahre, so auch das Jahr 2000, ausnahmsweise keinen Schalttag. Aber in unserem Gregorianischen Kalender haben alle Jahre, die sich durch 400 teilen lassen, als Ausnahme von der Ausnahme doch einen Schalttag, was den heutigen laufenden Wochentag um einen Tag nach vorn setzt, also Mittwoch statt Dienstag.

RAUM IST RAUM UND ZEIT IST ZEIT!

Aber wie ist das nun mit Zeitreisen? Zunächst müssen wir klären, was wir darunter verstehen. In Filmklassiker *Die Zeitmaschine* aus dem Jahre 1960 versteht man darunter, so wie in manch anderen Zeitreise-Filmen auch, dass eine oder mehrere Personen, oft in einer ruhenden Zeitmaschine sitzend, denselben Ort zu einer anderen Zeit, in der Vergangenheit oder Zukunft, erleben; oder sich in einem Gefährt im Umkreis des Ausgangsorts in der Zeit bewegen.

Diese Fiktion kann sich jeder leicht vorstellen, denn statt im Raum zu reisen, reist man halt am selben Ort bleibend durch die Zeit. Es ist sowieso eine sehr populäre Ansicht, die Zeit als eine vierte Raumdimension aufzufassen, weil wir uns an die Vergangenheit räumlich erinnern. Diese Ansicht ist jedoch grottenfalsch, denn Raum ist Raum und Zeit ist Zeit. Daran ändert sich auch nichts, wenn man in der Relativitätstheorie unseren 3D-Raum mit der Zeitkoordinate elegant, aber rein mathematisch in eine 4D-Minkowski-Raumzeit erweitert, in der man die Welt formal sehr schön beschreiben kann.

DAS EINE-WELT-SZENARIO

Kann Zeitreisen funktionieren? Gehen wir doch den einfachsten Fall einfach mal durch: Ich bleibe an demselben Ort und lasse die Zeit schneller laufen, was ich das »Eine-Welt-Szenario« nennen möchte. Um es ganz genau zu formulieren: Ich bleibe in dieser einen Welt, die um mich herum schneller abläuft, als ich mich selbst erlebe.

Gegen dieses Szenario ist zunächst logisch nichts einzuwenden. Tatsächlich sagt die spezielle Relativitätstheorie genau das, jedoch für ein sich bewegendes Fahrzeug. Meine Umwelt sieht mich dann als ein sich extrem langsam bewegendes Etwas immer am selben Ort, und ich sehe die Umwelt, wie sie sich rasend schnell verändert. Entweder sie toleriert mich in meiner Zeitmaschine und lässt mich wie ich bin oder sie interagiert mit mir, etwa indem sie mich zur Seite schiebt, weil der Hof in dem ich startete saniert wird.

SO GEHT'S LEIDER NICHT

Die Frage, wie die Außenwelt mit mir interagiert, ist tatsächlich der Knackpunkt an diesem Szenario. Es reicht, wenn auf dem Hof ein Regentropfen von außen kommend mich in der Zeitmaschine trifft. Wie groß wäre seine Geschwindigkeit, mit der er mich trifft? Wenn $v = ds/dt \approx 1$ m/s die Geschwindigkeit des Regentropfens in der Umwelt ist und meine Zeit t' zum Beispiel tausendmal langsamer vergeht als die Zeit t draußen, also $t' = t/1000$, dann wäre wegen $s' = s$ die Geschwindigkeit des Regentropfens in meiner Zeitmaschine $v' = s'/t' = s/(t/1000) = 1000\,v \approx 1$ km/s. Der Regentropfen würde mich also wie eine Gewehrkugel treffen.

Die Frage ist dann aber: Wo kommt diese enorme Einschlagsenergie her? Denn in der klassischen wie in der relativistischen Physik besitzt eine im Raum ruhende Zeitmaschine unverändert nur ihre Ruheenergie. Außerdem: An welchem Übergangspunkt wird aus dem Regentropfen in der schnell laufenden Außenwelt ein normal fliegender Regentropfen in meiner Zeitmaschine? Mit anderen Worten: Wie und wodurch wird festgelegt, welche Teile um mich herum mit mir zeitreisen und welche nicht? Wenn ich in einer Cabrio-Zeitmaschine offen sitze, unterliegt die Luft direkt um mich herum meiner Zeit oder der Außenzeit? Wenn sie der Außenzeit unterliegt, würde selbst der kleinste Windhauch mir das Genick brechen. Wenn ich geschützt in einer Zeitmaschine sitze, würde dieser Windhauch die gesamte Zeitmaschine zerstören!

NUR SO GEHT'S

In der Relativitätstheorie Einsteins, in der nur Zeitreisen in die Zukunft möglich sind (siehe mein Buch *Im Schwarzen Loch ist der Teufel los,* Kapitel »Einstein Trilogie – Das Zwillingsparadox«), gibt es solche logischen Probleme nicht. Eine Zeitmaschine muss da nämlich fast Lichtgeschwindigkeit fliegen und hat daher eine gigantische kinetische Energie, die selbst Staubteilchen zu tödlichen Geschossen werden lässt. Daher kann Captain Kirk so schnell nur im Vakuum des Weltraums fliegen, wo nur noch Licht mit ihm kollisionsfrei, weil masselos, interagieren kann. Die Teile, die seiner langsameren Zeit unterliegen, sind klar festgelegt: Alle Teile, die seine Geschwindigkeit haben. Außerdem hat er am Ende seiner Reise die Freiheit, sich die Zukunft dort anzuschauen, wo er gestartet ist, oder an jedem anderen Ort im Universum.

Fassen wir zusammen: Im Eine-Welt-Szenario funktionieren Zeitreisen in die Zukunft nur, wenn sich das Zeitschiff im Raum fast mit Lichtgeschwindigkeit bewegt und nicht ruht.

Im Film *Zurück in die Zukunft* verlassen Marty McFly und Doc Brown bei ihrer Zeitreise jedoch unsere Welt, wobei sie feurige Spuren hinterlassen, und fliegen scheinbar zu anderen Welten, die in der Zukunft oder in der Vergangenheit liegen. Ist das auch möglich? Das klären wir im nächsten Kapitel.

DARUM GIBT ES BEI ZEITREISEN NUR EINEN **VORWÄRTSGANG**

19

Es ist ein Menschheitstraum: Zeitreisen in unsere Zukunft und Vergangenheit. Warum könnte es Zeitreisen in die Zukunft geben, Reisen in die Vergangenheit jedoch nie?

In der Filmtrilogie *Zurück in die Zukunft* wird suggeriert, wenn man sich mit einer Zeitmaschine räumlich sehr schnell bewegt, dann verlässt man irgendwann unsere Welt und gelangt in andere Daseins-Welten, die die Vergangenheit oder Zukunft unserer Welt sind. Ist das möglich?

DAS VIELE-WELTEN-SZENARIO

Stellen wir uns vor, unsere Welt wäre nur 2-dimensional (im Folgenden auch 2D genannt). Dann wäre aus einer höheren Warte im 3D-

Raum die Welt eine unendlich dünne 2D-Schicht, und man könnte sich die Welten der Zukunft und Vergangenheit als benachbarte Schichten dicht an dicht nebeneinander vorstellen. In einer Zeitreise in und durch die Zukunfts- und Vergangenheitswelten würde man zwischen diesen unendlich vielen, unendlich dünnen 2D-Welten wechseln.

Mathematisch nennt man eine Aneinanderreihung von Räumen zu einem höheren Raum Blätterung (englisch: Foliation). Eine Blätterung unserer 3D-Welt kann man sich auch in einem 4D-Überraum vorstellen. Ein Blatt davon wäre unsere Welt mit unserer Zeit, und es gibt unendlich viele andere Welten mit anderen Zeiten, was nichts anderes heißt, als dass in den anderen Welten die Weltkonfiguration eine andere ist als bei uns. In diesem Sinne gibt es keine Welten mit anderen Zeiten, sondern nur Welten mit unterschiedlichen Weltkonfigurationen. Dazu später mehr.

Einmal abgesehen davon, dass es mir schwerfällt, daran zu glauben, dass unendlich viele Parallelwelten mit anderen Zeiten zu unserer Welt existieren, sehe ich in diesem Szenario, das ich »Viele-Welten-Szenario« nennen möchte, ein großes Problem: Unsere 3D-Welt stellt eine in sich konsistente logische Gesamtheit dar, die nach den bekannten physikalischen Gesetzen agiert. Würde ich von einer 3D-Welt in eine benachbarte wechseln können, dann bedeutet dies eine Interaktion mit ihr. Jede Interaktion erweitert aber unsere und die benachbarte Welt zu einer neuen gesamtkonsistenten Welt. Tatsächlich wäre also die benachbarte Welt Teil der unseren. Aber genau das hatten wir logisch dadurch ausgeschlossen, indem wir dort eine andere Zeit annahmen. Wenn wir umgekehrt behaupten, benachbarte Welten könnten nicht miteinander interagieren, wie wäre es dann logisch möglich, in die andere zu wechseln?

Man kann das Problem auch etwas anders betrachten: Ist es aus einer 4D-Warte logisch möglich, dass ein 3D-Wesen sich von seinem 3D-Weltblatt zum nächsten bewegen kann? Die analoge Situation in unserem 3D-Universum wären 2D-Flächenwesen, sagen wir auf der Tischplatte, die sich zwischen 2D-Flächen in unserem Raum bewegen. Das macht physikalisch eigentlich keinen Sinn, denn in unserer 3D-Welt ist nur die Bewegung von 3D-Wesen sinnvoll. Der Punkt dieser Argumentationen ist der: Nur weil ich mathematisch eine Raumblätterung beschreiben kann, bedeutet das nicht automatisch, dass es auch physikalisch sinnvoll und möglich ist.

IM BLINDFLUG ZWISCHEN DEN WELTEN

Nehmen wir an, wir könnten uns doch irgendwie zwischen den 3D-Welten der Zukunft und Verhangenheit bewegen. Dann haben wir ein anderes dickes Problem: Kollisionen. Während im interagierenden Eine-Welt-Szenario im vorherigen Kapitel die Umwelt eventuell auf mich Rücksicht nehmen könnte, ist das hier nicht der Fall. Wegen fehlender Interaktionen weiß ich an meinem Ort in der jetzigen Welt um sagen wir 15.00 h nicht, was sich am selben Ort in der 15.01-h-Welt befindet. Ich fliege also im Blindflug zwischen den Welten, was im Allgemeinen zu fatalen Kollisionen führt. Dieses Kollisionsproblem wird bei den Zeitreisen im Film *Zurück in die Zukunft* vage thematisiert. So fährt Marty McFly am Ende seines ersten Zeitsprungs in eine Scheune, wo er sanft abgefedert wird.

Also, entweder enden im Viele-Welten-Szenario Zeitreisen unweigerlich in einer Kollision, oder es gibt aus physikalisch-logischen Gründen das Viele-Welten-Szenario erst gar nicht, was ich glaube.

SIND ZEITREISEN IN DIE VERGANGENHEIT MÖGLICH?

Anders als bei Reisen in die Zukunft kann es bei Reisen in die Vergangenheit zudem große Kausal-Probleme geben, wie etwa beim Großvater-Paradoxon oder beim von mir früher geschilderten Selbstzerstörungs-Paradox im Kapitel »Der Todesstoß für den Warp-Antrieb« (Seite 97 ff.). Auf solche logischen Paradoxien haben Physiker immer wieder hingewiesen. Für Stephen Hawking waren sie Grund genug, das sogenannte *chronology protection conjecture* zu postulieren, also die Vermutung, dass Zeitreisen in die Vergangenheit wie sie mit dem Gödel-Universum der allgemeinen Relativitätstheorie beschrieben werden, grundsätzlich unmöglich sind. Ich stimme Hawking hier nicht nur zu, sondern bin zuversichtlich, dass diese Vermutung durch eine zukünftige Quanten-Relativitätstheorie bewiesen wird.

Um diese Unmöglichkeit einer Reise in die Vergangenheit anders zu veranschaulichen. Die spezielle Relativitätstheorie besagt: Wenn man sich schnell irgendwohin bewegt und dann zurückkommt, landet man in der Zukunft. Wenn Bewegung also immer und ausschließlich Reisen in die Zukunft impliziert, was könnte ich dann tun, um in die Vergangenheit zu reisen?

Um es noch anders darzustellen: Alles was es in unserem einen Universum gibt, sind die sich ständig ändernden Konfigurationen aller Atome in der Zeit. Diese Konfigurationen können wegen der ständigen Zunahme der Entropie (2. Hauptsatz der Thermodynamik) nur bestimmte Abfolgen einnehmen. Davon gibt es zu jedem Zeitpunkt jedoch fast unendlich viele. Die Bestimmtheit der konkreten Abfolge, die eintritt, ist der unumkehrbare Zeitpfeil, was bedeutet: Zeit selbst hat keine Richtung, sondern nur die Abläufe in ihr! Daher kann ich die Zeit auch nicht umkehren. Ich kann höchstens (sagt die spezielle Relativitätstheorie) durch eine schnelle Bewegung im Raum die Geschwindigkeit der Abfolgen anders erfahren und somit in die Zukunft fliegen.

Sorry, ich spiele nicht gerne den MythBuster, aber ich denke, das sieht für Zeitreisen in die Vergangenheit gar nicht gut aus. Wer es immer noch nicht glauben mag, sollte diese Frage überzeugend beantworten: Wenn es in Zukunft Reisen in die Vergangenheit geben könnte, warum gibt es dann keine Zeittouristen aus der Zukunft jetzt bei uns? Und würden diese Gaffer dann nicht am Kreuze Christi Schlange stehen, wie es ein Science-Fiction-Autor einmal gemutmaßt hat? Davon ist im Neuen Testament jedoch nichts zu lesen.

WIE GEHT MAN MIT **TÖDLICHEN MISSIONS-GEFAHREN** UM?

20

Die Versicherungswirtschaft stuft Raumfahrt als ultragefährlich ein. Wie gefährlich ist sie wirklich, und wie können Astronauten damit leben?

Eine häufig an mich gestellte Frage lautet: »Herr Walter, hatten Sie eigentlich keine Angst, als Sie damals da hochflogen?«. Interessanterweise fragen mich das nur Frauen, nie Männer. Was sie eigentlich meinen ist: »Ein Raumflug ist sehr gefährlich. Davor hat eigentlich jeder Angst. Sie etwa nicht?« Schauen wir uns also an, wie gefährlich ein Raumflug wirklich ist, und welche gefühlsmäßige Beziehung Menschen zu Gefahren haben.

SO BEWERTET MAN RISIKEN

Gefährliche Ereignisse jeglicher Art lassen sich durch den formalen Begriff »Risiko« systematisch erfassen. Ein Risiko hat zwei unterschiedliche Ausprägungen (formal: Dimensionen). Da gibt es zunächst die Schadenshöhe eines Ereignisses (englisch: *impact*), also das, was wir eigentlich als Gefahr bezeichnen. Manche Ereignisse können gravierende Schäden hervorrufen, andere weniger gravierende. Auf der anderen Seite gibt es die Wahrscheinlichkeit (englisch: *probability*), mit der ein gefährliches Ereignis eintreten kann. Gewisse Gefahren treten einfach wahrscheinlicher ein als andere, und die, die häufiger eintreten können, sind insgesamt risikovoller.

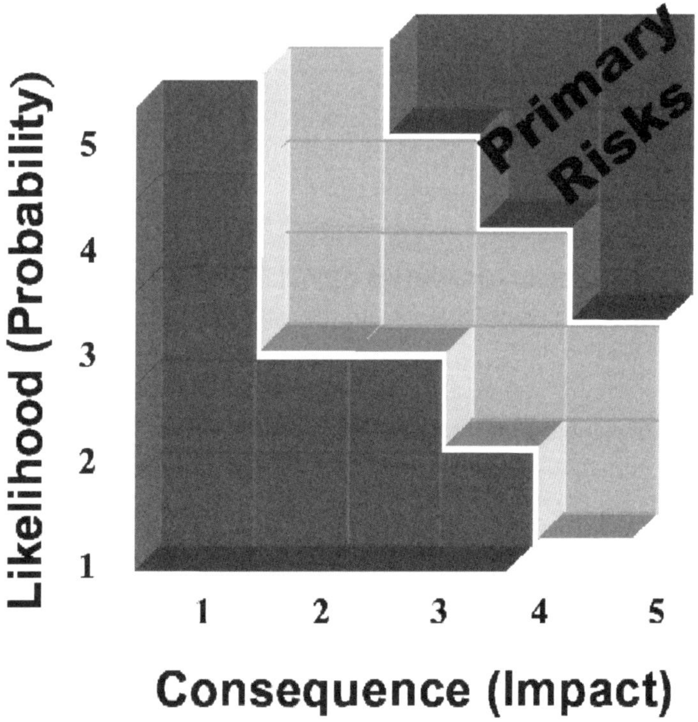

Die Risk-Assessment-Code-(RAC)-Matrix der NASA. (Bild: NASA)

Die NASA benutzt für die Risikoanalyse ihrer Missionen meist die Risk-Assessment-Code-(RAC)-Matrix, etwa zur Risikobewertung von Ereignissen auf der Internationalen Raumstation. Hierbei unterteilt sie jede Dimension in fünf Schweregrade und erhält somit eine schön übersichtliche 5x5 Risikomatrix. Ein Risiko lässt sich nun einfach so quantifizieren: Risiko = Auswirkung × Wahrscheinlichkeit. Dadurch wird sofort klar, die eigentlich gefährlichen Ereignisse sind die dunklen Felder oben rechts, die »primary risks« mit Schweregrad-Produktwerten von größer als 15. Nur auf sie muss man sich konzentrieren.

DAS 0·∞–PROBLEM

Die Realität ist manchmal komplizierter als diese Matrix, denn der Impact kann tatsächlich zwischen null und unendlich liegen, und die Wahrscheinlichkeit kann gegen null gehen. Die wirklich kniffligen Ereignisse sind die, bei denen der Impact gegen unendlich geht, während die Wahrscheinlichkeit gleichzeitig fast null wird.

Ein Beispiel: Das Risiko eines großen Asteroideneinschlags auf die Erde, der Millionen von Menschenleben kostet, ist extrem gering, etwa ein Mal pro 10.000 Jahre, aber seine Auswirkung ist eben extrem groß. Ein solches Ereignis bezeichne ich gern als 0·∞–Problem. Selbst mathematisch lässt sich so ein Ergebnis nicht fassen, das Produkt kann irgendwo zwischen 0 und ∞ liegen.

Das Problem mit 0·∞ äußert sich auch in der gefühlsmäßigen Einordnung einer solchen Gefahr. Für manche ist ein Asteroideneinschlag das Schlimmste was passieren kann, für andere nicht erwähnenswert, weil er eben praktisch nie passiert.

SO DENKT DIE VERSICHERUNGSWIRTSCHAFT ....

Wo in der Matrix liegt nun das Ereignis »Fataler Ausgang einer Raumfahrtmission«? Da gibt es zunächst die unbemannten Missionen. Deren Risiko lässt sich am besten am Versicherungswert ablesen. Die Versicherungswirtschaft nimmt keine RAC-Matrix, sondern rechnet das Risiko in Euro und Cent aus. Die Wahrscheinlichkeit, mit der eine unbemannte Rakete abstürzt, beträgt heutzutage etwa 2 % und der Wert eines Kommunikationssatelliten in GEO typischerweise 300 Millionen Euro, also Risiko = 0,02 × 300 Mio. Euro = 6 Mio. Euro plus Versicherung-(Risiko-)aufschlag, macht typischerweise insgesamt 8–10 Mio. Euro Versicherungsprämie. So hohe finanzielle Einzelrisiken gibt es woanders auf der Welt nur selten, weshalb Raumfahrt in der Versicherungswirtschaft als »ultra-hazardous endeavour« eingestuft wird.

Und bemannte Missionen? Wie bewertet man den Tod eines Astronauten? Die deutsche Allianz und die AXA-Versicherung haben damals im Jahre 1992 auf Anfrage des deutschen Astronautenbüros lieber die Finger von einer Lebensversicherung der D2-Astronauten gelassen, egal unter welchen Bedingungen. Da waren US-Lebensversicherer pragmatischer:

»Wie hoch soll der Versicherungsschutz sein?«

»2 Millionen Dollar.«

»Dafür beträgt die einmalige Prämie 5000 Dollar.«

Das war günstig. Daher haben wir uns damals über eine amerikanische Lebensversicherung abgesichert.

SO DENKT DIE NASA ...

Aber welche Risiken akzeptiert die NASA für ihre Astronauten? Sie umgeht das Problem einer objektiven Bewertung des Impacts »Tod«, indem sie lediglich für die Wahrscheinlichkeit eines fatalen Ereignisses Vorgaben macht. Nehmen wir das damalige Space Shuttle. Die NASA-Vorgabe für einen fatales Ereignis bei den ersten Flügen war 1:12 (also 1 fataler Flug auf den ersten 12, tatsächlich ging alles gut) und bei den späteren Flügen 1:100. Mit zwei abgestürzten Shuttles betrug die Wahrscheinlichkeit tatsächlich 2:135+ (+ bedeutet, dass die Shuttles weitere erfolgreiche Flüge hätten absolvieren können, die Flüge aber nach dem 135. eingestellt wurden).

Wie ist das mit zukünftigen bemannten Raumflügen? Auf Anfrage eines Journalisten ließ die NASA über ihren stellvertretenden

Entwicklungs-Administrator für Explorationsmissions-Entwicklung William C. Hill in einer E-Mail halboffiziell verlautbaren: »Der tatsächliche Verlust einer Crew hängt von der konkreten Mission ab.« Nun ja, da drückt sich jemand vor genauen Angaben. In einem unbedachten Moment haben sich die Sicherheitsexperten der NASA konkreter geäußert. Ihnen zufolge akzeptiert die NASA bei zukünftigen Flügen in den 2030er-Jahren zum Mars oder zu Asteroiden eine Wahrscheinlichkeit von 1:75. Diese Gesamt-Missionsvorgabe hat die NASA für die Zulieferer des Shuttle-Nachfolgers Space Launch System (SLS) plus Orion-Raumfahrzeug in konkrete Vorgaben entsprechend heruntergebrochen. Demnach muss der Hersteller Lockheed Martin für Orion insgesamt 1:400 nachweisen, wobei 1:650 auf Start und Landung entfallen, und Boeing, das die Trägerrakete SLS herstellt, muss 1:650 für einen Raketenstart nachweisen. Genau genommen müssen sie gegenüber der NASA interne Entwicklungs- und Produktionsprozesse nachweisen, die über Zuverlässigkeitsanalysen, etwa der MTBF-Analyse, theoretisch ein 1: x bedeuten.

UND SO DENKT MAN ALS ASTRONAUT ...

So weit die anvisierten Unfallwahrscheinlichkeiten. Das alles entscheidende Gesamtrisiko muss jeder Astronaut selbst bewerten. Wie hoch bewerten ich und meine Familie meinen Tod? Dies ist, angesichts der gegebenen Wahrscheinlichkeit, dass der tödliche Fall eintreten kann, mein Risiko, das ich bzw. meine Familie zu tragen haben. Die persönlichen Bewertungen gehen da oft stark auseinander. Während man als Astronaut oft dazu tendiert zu sagen: »Wenn ich sterbe, dann war es mir das wert«, sieht die Familie das meist ganz anders. Daher ist jeder Astronaut gut beraten, bereits vor seiner Bewerbung zum Astronauten diesen Punkt einvernehmlich mit seinem Lebenspartner und in Verantwortung für seine Kinder zu lösen.

Und wie ist das nun mit der Angst vor einer Mission? Es ist wie mit der Angst vor dem Autofahren. Jeder kennt das Risiko, in einem Autounfall ums Leben zu kommen, es gibt in Deutschland etwa 4000 Verkehrstote pro Jahr. Warum steigt jeder von uns trotzdem in sein Auto und zwar ohne Angst? Es ist der tägliche Umgang mit dem Auto und dem Verkehr. So entwickelt man zu einer anfangs abstrakten Gefahr eine ganz persönliche Beziehung. Vor einer unbekannten Gefahr hat man Angst. Wenn man sich tagtäglich mit ihr auseinandersetzt, wird aus Angst Sorge. Angst lähmt. Das darf keinem passieren, weder auf der Straße und erst recht nicht im Weltraum. Mit Sorgen umzugehen, das muss jeder von uns im Leben lernen.

CHALLENGER – WARUM SIEBEN ASTRONAUTEN STERBEN MUSSTEN

21

Am 28. Januar 1986 starben alle sieben Shuttle-Astronauten beim Flug ins All. Damals wurden Fehler gemacht, die auch heute und wohl immer wieder gemacht werden.

Am 28. Januar 1986 explodierte das Space Shuttle Challenger beim Aufstieg ins All und riss sieben Astronauten mit in den Tod. Es wird oft argumentiert, der Grund seien die falsch konstruierten Booster, bei denen sogenannte O-Ringe, also Gummi-Dichtungsringe, die sieben Segmente eines Shuttle-Boosters gegeneinander abdichteten. Einer dieser Dichtungsringe schlug damals Leck, und der seitlich austretende Verbrennungsstrahl bohrte sich wie ein Schneidbrenner in den mit Wasserstoff und Sauerstoff gefüllten Tank und brachte ihn so zur fatalen Explosion.

Das war jedoch nicht das eigentliche Problem, wie eine eigens dafür eingesetzte Kommission, die Rogers-Commission, herausfand. Tatsächlich waren die Booster mit je zwei aufeinanderfolgenden O-Ringen gar nicht falsch konstruiert. Sie waren sogar recht vernünftig konstruiert, allerdings mit der ursprünglichen Einschränkung, dass sie nicht bei Temperaturen unter 4 °C eingesetzt werden durften, weil die aus Gummi bestehenden Ringe dann brüchig würden. Nun sind 4 °C in Florida normalerweise kein Problem. Dort sind es meist über 20 °C, im Winter sind 10 °C schon sehr kühl.

Es gibt in Florida, insbesondere im Januar, aber auch Kälteeinbrüche, wo die Temperaturen unter 0 °C rutschen. So am 23. Januar 1985, also 1 Jahr vor der Challenger-Katastrophe, als das Space Shuttle Discovery starten sollte. Damals gab es in der Nacht zuvor Frost auf der Startrampe, weshalb der Start um einen Tag verschoben wurde. Weil die Temperaturen am 24. Januar bei 11 °C lagen, startete die NASA das Shuttle. Damals wurden, wie üblich, die Shuttle-Booster wieder aus dem Meer gefischt und wiederverwendet. Bei der Generalüberholung stellte sich heraus, dass der Spalt zwischen zwei O-Ringen voller Ruß war. Daraus schlossen die Ingenieure, dass der innere Ring bereits bei 11 °C so spröde geworden war, dass er Verbrennungsgase durchgelassen hatte, die der zweite äußere O-Ring, als Sicherheitsring gedacht, aufhielt und so Schlimmeres verhinderte.

Dieses sehr ernste Problem wurde bei der Firma ATK, die die Booster für die NASA herstellte, zunächst von den Ingenieuren zum Vizepräsidenten von ATK kommuniziert. Der berichtete es der NASA im Marshall Space Flight Center (MSFC) im Süden der USA und zuständig für die Shuttle-Booster. Genau hier nimmt die Challenger-Katastrophe ihren Lauf. Die Leute am MSFC hatten sich seit jeher geärgert, dass sie nur ein untergeordnetes Center war. Die Musik spielte in Houston, wo die Astronauten lebten und trainiert wurden, in Florida, wo die Shuttles gestartet wurden, und in Washington, den NASA Headquarters, wo die Manager saßen und wichtige Entscheidungen fällten. In dieser Konkurrenzsituation sprach kaum ein Center mit dem anderen; das wichtige O-Ring-Problem verblieb daher bei ATK und MSFC.

Dann kam der Januar 1986. Die Challenger hätte eigentlich am 22. Januar starten sollen, um einen wichtigen militärischen Relais-Satelliten in den Weltraum zu bringen. Verzögerungen der Shuttle-Vorgängermission führten zur Verschiebung auf den 23. und dann auf den 24. Januar. Wegen schlechtem Wetter wurde der Start dann weitere drei Male verschoben, auf den 25., dann 26. und schließlich 27. Januar. An jenem Tag gab es aber Probleme mit dem Crew-Hatch, der Zugangstür zum Shuttle, weshalb der Start schließlich auf den 28. Januar verschoben wurde. Im Gegensatz zu den Temperaturen in Florida war die Stimmung bei der NASA aufgeheizt. Die politische Vorgabe war, die Shuttles etwa im Zwei-Wochen-Rhythmus zu starten, also etwa 26-mal pro Jahr. Im Jahre 1985 gab es aber nur 8 und 1984 gar nur 5 Flüge. Und jetzt stand das Shuttle seit dem 22. Dezember auf der Startrampe und eine Startverschiebung folgte der anderen. Ausgerechnet auf dieser Mission war erstmals eine Schullehrerin an Bord, auf die die ganze Welt schaute. Aber das Shuttle kam und kam nicht hoch!

Am Abend vor dem Start gab es eine folgenschwere Telefonkonferenz zwischen NASA Headquarters, MSFC und ATK. Von fünf seiner besorgten Ingenieure über das Temperaturproblem informiert empfahl der ATK-Vizepräsident Bob Lund, nicht zu starten. In den Jahren davor hätte nur ein Hinweis auf ein Temperaturproblem gereicht, um den laufenden Countdown abzubrechen. Aber die Lage hatte sich geändert. Trotz der genauen Ausführungen von ATK, was das Problem war, ließen sich die Manager aus Washington nicht überzeugen. Washington machte Druck. Bisher seien alle Missionen gut gegangen, selbst die Mission im Januar 1985. War das Problem wirklich so tief greifend wie behauptet? ATK solle endlich ihren Ingenieurshut ab- und ihren Managerhut aufsetzen.

Ein ATK-Mitarbeiter beschrieb die Situation vor dem späteren Unfall-Untersuchungsausschuss damals so: »*Bei diesem Meeting war die NASA entschlossen zu starten, und es lag an uns, einen über jeden Zweifel erhabenen Beweis vorzulegen, dass ein Start nicht sicher war.*« So einen Beweis konnte ATK nicht vorlegen, knickte unter diesem Druck also ein, und der führende ATK-Ingenieur Joe Kilminster gab sein Okay, mit dem Countdown fortzufahren.

Am Morgen des 28. Januar 1986 hingen Eiszapfen auf der Startrampe von Challenger. (Bild: NASA)

Am Morgen des Starttages lag die Außentemperatur in KSC bei -5 °C. Ein sogenanntes Eis-Team, das zur Challenger hinausgeschickt wurde, maß am rechten Booster sogar -13 °C. Daraufhin weigerte sich Allan McDonald, ATKs oberster Mitarbeiter am KSC, die Startempfehlung zu unterschreiben. Joe Kilminster tat es für ihn.

Der Start erfolgte um 17.38 MEZ.

73 Sekunden später explodierte die Challenger.

Explosion der Challenger 73 Sekunden nach dem Abheben. (Bild: NASA)

WAS WIR AUS ZWEI **SHUTTLE-KATASTROPHEN** LERNEN KÖNNEN

22

Die NASA hat in den vergangenen 50 Jahren viel geleistet aber auch viele Fehler gemacht. Was jeder von uns, insbesondere Unternehmen, daraus lernen kann.

Dieses Kapitel betrifft Sie. Ja Sie, die Sie das hier jetzt gerade lesen. Denn jeder von uns tendiert dazu, schwerwiegende Fehler zu machen, die Generationen vor uns schon gemacht haben. Fehler, durch die Menschen sterben mussten. Sorry, ich muss es so hart formulieren, aber sonst glauben Sie, dieses Kapitel betrifft andere, nur nicht Sie.

Es geht darum, »Nein« sagen zu können und nicht einem Gruppenzwang zu unterliegen, der im Alltag viel bequemer ist. Gruppenzwänge und der »Druck von oben« können so mächtig sein, dass man lieber klein beigibt. Sie kennen das, in einem Meeting wird abgestimmt, und auf die Frage wer dafür ist, heben die meisten die Hand. Lohnt es sich, dagegenzustimmen, obwohl man anderer Meinung ist? Oft lohnt es tatsächlich nicht, aber manchmal ist es Ihre verdammte Pflicht, dies zu tun.

DIE EWIGEN PROBLEME VON PROJEKTMANAGERN

Wie in meinem letzten Kapitel beschrieben ist die Lehre aus der Challenger-Katastrophe, dass Projektmanager an vielen Fronten kämpfen müssen. Sie müssen die wichtigen Ressourcen Geld, Zeit und Anforderungen (das berühmte »eiserne Dreieck« des Projekt-Managements), aber gleichzeitig auch die Risiken im Blick behalten, wenn sie Kompromisse bei Ressourcen eingehen. Jeder muss im Leben Kompromisse eingehen, daher hat jeder von uns auch entsprechende Risiken zu tragen.

Bei der Challenger-Katastrophe hatte die NASA es versäumt, den Verlust des Shuttles und der Crew angemessen zu berücksichtigen, als sie sich gegen den Rat der Ingenieure für einen Start bei eisigen Temperaturen entschlossen, also für die Ressourcen Zeit und Geld und gegen die Ressource Anforderungen. Dafür mussten sieben Astronauten sterben. Man sollte denken, die NASA hätte daraus ein für alle Mal gelernt. Doch es kam noch schlimmer.

DER ZWANG DER GEWOHNHEIT

Die O-Ringe der Booster, die bei eisigen Temperaturen brüchig wurden, waren nicht das einzige Problem der Shuttles. Bei jedem Flug lösten sich Schaumstoffteile vom externen Tank. Mal größere, mal kleinere, mal mehr, mal weniger, im Mittel 20 daumengroße Teile pro Mission. Auf meiner Mission am 26. April 1993 waren es genau 20 Teile. Sie beschädigten zwar die Hitzekacheln auf der Unterseite der Shuttles, aber die wurden nach jeder Mission ausgetauscht, und so ging's weiter zur nächsten Mission.

Obwohl nach der Challenger-Katastrophe das NASA-Management auf neue Füße gestellt wurde und Risiken eine größere Aufmerksamkeit geschenkt wurde, ging dieses Problem an den NASA-Verantwortlichen vorbei. Obwohl die Ingenieure darauf hinwiesen, zu untersuchen was passiere, wenn sich größere Teile lösen, schlich sich nach einigen Jahren der alte Vor-Challenger-Trott ein. Der Zeit- und Gelddruck auf die NASA nahm wieder zu, und es gab wichtigere Probleme zu lösen. Außerdem hatte man sich nach über 100 Flügen daran gewöhnt, dass alles gut ging. Warum also diese Aufregung um die paar kleinen Schaumstoffteile?

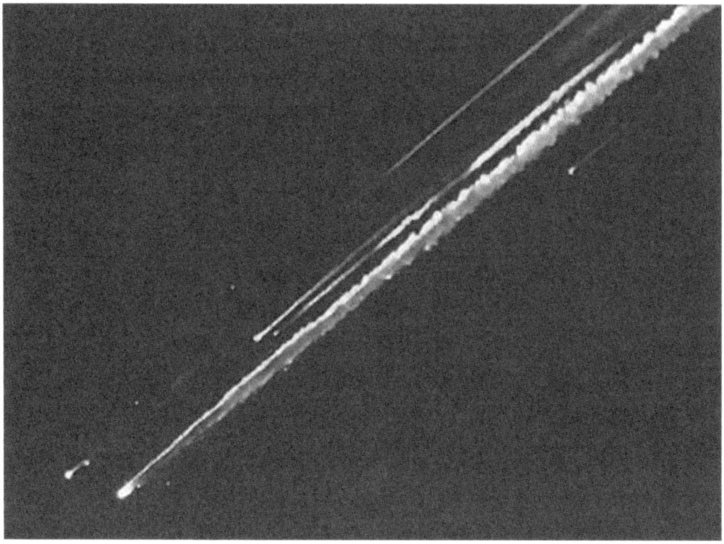

Auseinanderbrechen der Columbia beim Wiedereintritt in die Atmosphäre am 1. Februar 2003. (Bild vom NASA-Video)

DANN PASSIERTE ES WIEDER

Am 1. Februar 2003 zerriss es die Columbia (meine Columbia, mit der ich genau 10 Jahre vorher flog) beim Wiedereintritt in die Atmosphäre, weil 16 Tage vorher beim Aufstieg ein koffergroßes Schaumstoffteil ein ebenso großes Loch in die linke Flügelvorderkante geschlagen hatte. Beim Wiedereintritt und bei etwa 12-facher

Schallgeschwindigkeit schnitt sich die heiße Luft wie ein Schneidbrenner in das Loch und trennte den linken Flügel ab. Diese Asymmetrie riss das Shuttle um die vertikale Achse und zerlegte es dabei in Tausende von Teilen, die größtenteils verglühten. Wie bei Challenger verstarben sieben Astronauten.

Was vom Columbia Shuttle übrig blieb. (Bild: NASA)

Im Untersuchungsbericht hieß es: »*Die organisatorischen Ursachen wurzeln in der Geschichte und Kultur des Space-Shuttle-Programms, insbesondere Jahre begrenzter Ressourcen, sich ändernder Prioritäten und Termindrücke und das Vertrauen auf vergangene Erfolge als Ersatz für verlässliche Ingenieursmethoden. Organisatorische Barrieren verhinderten eine effektive Kommunikation kritischer Sicherheitsinformationen, und unterdrückten missliebige fachliche Meinungen. (...) Die Tendenz von Managern, nur solche Meinungen zu akzeptieren, die mit ihren eigenen übereinstimmten, dämmten den effektiven Kommunikationsfluss. (...) Management-Entscheidungen während Columbias letztem Flug spiegeln verpasste Möglichkeiten, blockierte oder ineffektive Kommunikationskanäle, fehlerhafte Analysen und ineffektives Führungsverhalten wi-*

der. Vielleicht am eklatantesten ist die Tatsache, dass das Management kein Interesse daran zeigte, ein Problem und seine Auswirkungen zu verstehen.«

DIESELBEN PROBLEME ÜBERALL, IMMER WIEDER!

Hatte die NASA nichts dazugelernt? Doch schon, aber 17 Jahre nach Challenger gab es in der NASA keinen mehr, der die Challenger-Erfahrung in sich trug. Der alte menschliche Trott kehrte wieder ein. Menschen mit vielen Problemen wollen nicht noch mehr Probleme hören, sondern Lösungen. Man tendiert dann nur noch dazu, das zu hören, was einem passt. Missliebige Meinungen werden unterdrückt. Nicht nur bei der NASA, überall auf der Welt!

Wenn Sie, lieber Leser, eine leitende Funktion in einem Unternehmen haben, dann lernen Sie von den beiden Shuttle-Katastrophen. Machen Sie es anders! Hören Sie auf Ihre Ingenieure. Seien Sie zu ihnen kritisch, aber nehmen Sie sie ernst. Nehmen Sie sich Zeit, Risiken in Ihrem Unternehmen zu bewerten, indem Sie versuchen, Risiken zu quantifizieren, so wie von mir im Kapitel »Wie geht man mit tödlichen Missionsgefahren um?« (Seite 121 ff.) beschrieben. Es ist Ihre Aufgabe als leitende Führungskraft, die primary risks direkt anzugehen und persönlich zu tracken. Tun Sie das Ihretwillen und um den Willen und möglicherweise um den Tod anderer.

EXOMARS-DESASTER – WARUM EXOMARS WIRKLICH SCHIEFGING

23

Die ESA hat aus der Vergangenheit nichts gelernt.
Der Grund, warum die ExoMars-Landung wirklich schiefging, ist ein Klassiker der Raumfahrt.

Es heißt, selbst ein Esel stößt sich nicht zweimal am selben Stein. Die ESA scheint noch dümmer als ein Esel, denn sie hat sich zweimal am selben Stein gestoßen und damit zwei Missionen vermasselt: den ersten Ariane-5-Start und ExoMars 2016.

EIN RÜCKBLICK AUF ARIANE 5

Die Ariane 5 ist eine europäische Trägerrakete, die unbemannt Nutzlasten in den Weltraum bringt. Sie ist seit 1996 im Einsatz. Ihr Jungfernflug am 4. Juni 1996 war ein Desaster, das keiner so erwartet hätte. Nach dem Start kam die Rakete beim Aufstieg vom Kurs ab, überschlug sich nach 40 Sekunden und zerstörte sich dabei selbst. Der Grund war die Software des Trägheitsnavigationssystems (INS) der Ariane 5, das die Lage der Rakete bestimmte. Die ESA übernahm sie einfach direkt von der erfolgreichen Vorgängerrakete Ariane 4 im Glauben, was dort funktioniert hat, wird auch bei der Ariane 5 funktionieren.

Wegen dieses weitverbreiteten Glaubens setzen Raumfahrtunternehmen gern solche Legacy-Systeme ein. Das INS funktionierte jedoch nicht, weil die Ariane 5 wesentlich größere Beschleunigungswerte lieferte, die in der INS-Software einen arithmetischen Überlauf erzeugten, woraufhin sich das INS abschaltete. Da auch auf Ariane 5 die Backup-INS mit derselben Software lief, führte das zum vollständigen Verlust von Lenk- und Lageinformationen – die Ariane-Rakete wurde steuerlos.

Die Ariane 5 explodiert beim Erstflug am 4. Juni 1996 nach etwa 40 Sekunden beim Aufstieg ins All. (Bild vom ESA-Video)

Die Empfehlung der damaligen Untersuchungskommission war: Alle Raumfahrt-Systeme (insbesondere Software) eines zukünftigen ESA-Raumfahrtgefährts müssen eine vollständige Closed-Loop-Simulation durchlaufen, was bedeutet: Sie müssen in einem realistischen Umfeld simuliert werden. Außerdem sollten Experten eine Prozedur zur Qualifikation von Software ausarbeiten, die in einem gesonderten Software-Qualifikationsreview überprüft wird.

WARUM ZERSCHELLTE EXOMARS?

ExoMars ist ein Programm der ESA zur Suche nach vergangenem oder aktuellem Leben auf dem Mars. Bei der Vorläufermission ExoMars 2016 sollte mit dem Landegerät *Schiaparelli* gezeigt werden, dass die Eintritts-, Abstiegs-, und Landetechnologie von der ESA beherrscht wird, bevor zwei Jahre später im Jahr 2018 die eigentliche Mission ExoMars 2018 stattfinden sollte. Es kam aber anders. Am 19. Oktober 2016 zerschellte der ExoMars-Lander auf der Marsoberfläche. Die Abbildung zeigt den Einschlagkrater mit dem Auswurf in Einschlagrichtung.

Eine Woche später ließ die ESA die Medien den vermeintlichen Grund des Absturzes wissen, seit dem 18. Mai 2017 gibt es eine offizielle Erklärung der ESA. Demnach kam beim Abstieg das am Fallschirm hängende Landegerät ins Trudeln. Dieses unerwartete Trudeln führte zu einem Warnsignal des Lagemesssystems, der sogenannte IMU. Aufrund dieses Signals interpretierte das bordeigene Navi, das sogenannte GNC-System, die von der IMU abgegebenen Messdaten falsch und berechnete daraus eine falsche Höhe über dem Boden. Die war angeblich negativ! Das Langegerät befand sich also angeblich bereits unterhalb des Marsbodens, obwohl es tatsächlich noch 3,7 km darüber war. Darauf reagierte das GNC mit dem Abwurf des Fallschirms und einer Zündung der Bremsraketen. Die wurden aber gleich wieder abgestellt, weil der Lander ja angeblich unter dem Boden war. Somit stürzte der Lander aus etwa 3,5 km Höhe ungebremst auf den Mars.

Fazit: Ein Softwarefehler, der Trudeln falsch interpretierte, führte zum Absturz. Also wieder einmal der Klassiker: ein Softwarefehler.

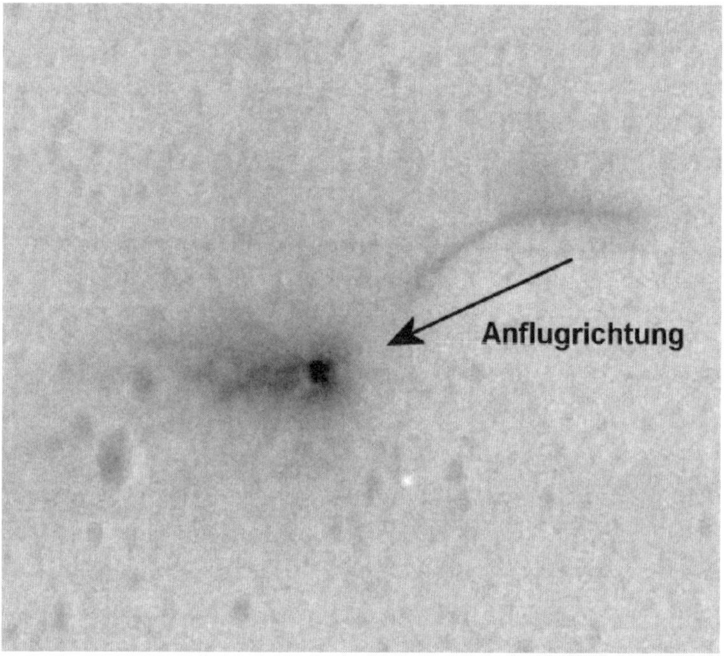

Die Einschlagstelle des ExoMars-Landers. Deutlich zu sehen ist der dunkle Auswurf durch den Einschlag in verlängerter Anflugrichtung. Der Lander scheint beim Aufschlag nicht explodiert zu sein. (Bild: ESA)

MARS-POLAR-LANDER DÉJÀ-VU

Die verpfuschte ExoMars-Landung ist sogar ein echtes Déjà-vu-Erlebnis. Denn am 3. Dezember 1999 zerschellte der Mars-Polar-Lander der NASA ebenfalls auf der Marsoberfläche. Der Mars-Polar-Lander war genauso gebaut wie der ExoMars-Lander: Nach Eintritt in die Marsatmosphäre erst Hitzeschild, dann Bremsfallschirm, dann Bremsraketen und damit und mit dem Landegestell auf der Marsoberfläche aufsetzen. Aber auch der Mars-Polar-Lander stürzte ungebremst auf die Marsoberfläche ab, damals aus

1,3 km Höhe, und zerschellte. Der Grund damals: Unser Klassiker, ein Softwarefehler. Amüsant sind die Details. Die NASA erklärte dazu, beim Ausfahren des Landegestells hätten die dabei entstandenen Vibrationen die Bremsraketen wahrscheinlich ausgeschaltet, weil die Software die Vibrationen fälschlich als Aufsetzen des Landers auf die Oberfläche interpretierte. So weit zur Intelligenz robotischer Systeme, um genau zu sein, die der Programmierer robotischer Systeme.

TESTEN, TESTEN UND NOCHMALS TESTEN

Die Erkenntnisse aus Mars-Polar-Lander und des Ariane-Jungfernfluges hat die Ariane-Untersuchungskommission der ESA ins Stammbuch geschrieben: Software muss von Experten reviewed und unter möglichst realistischen Bedingungen getestet, getestet, getestet werden.

Genau das hat die ESA nicht gemacht, beziehungsweise nicht machen lassen, denn gewisse Tests macht die ESA nicht selbst, sondern lässt sie machen. Aber in diesen Fällen muss die ESA die Testanforderungen genau vorgeben und die Ergebnisse nach den Tests überprüfen. Das schien nicht gemacht worden zu sein.

Testen, testen und nochmals testen. Dieses Credo der Raumfahrterfahrung wird überall gepredigt. Die ESA als Oberprediger, die ihre Predigt sogar in eine Testbibel gegossen hat, hat ihre Predigt wohl selbst nicht ernst genommen.

Sorry, ESA, aber so eine Eselei hat eine harte Strafe verdient. Die härteste Strafe ist, dass Ihr nach dieser verpfuschten Testlandung jetzt nicht sicher sein könnt, ob die eigentliche nun auf das Jahr 2020 verschobene ExoMars-2020-Mission mit dem teuren Marsrover wirklich funktionieren wird, weil das Herzstück der Landung, die Funktion der Bremsraketen, diesmal nicht verifiziert werden konnte. Meine Empfehlung: Hier auf der Erde testen, testen, testen.

ESAS NEUER **WELTRAUM-FERRARI**

24

Die ESA legt sich ein neues Raumgefährt zu. Der »Dream Chaser« ermöglicht sogar eigenständige bemannte Missionen. Doch wird es dazu jemals kommen? Zweifel sind angebracht.

Was macht die ESA eigentlich so in der Raumfahrt? Wenn man jemanden auf der Straße fragt, zucken die meisten nur die Schulter. Die ESA ist an der Internationalen Raumstation beteiligt und hat dazu einige Astronauten, darunter unseren Alexander Gerst. Viel mehr wird nicht kommen. Ach ja, und da war doch diese, diese … Rosetta-Mission Ende 2014, oder war das vielleicht doch die NASA, die macht doch immer so tolle Sachen, oder? Nein, Rosetta war damals tatsächlich eine ESA-Mission.

SCHON MAL WAS VON COPERNICUS GEHÖRT?

Keine Frage, das Profil der ESA ist nicht das beste. Sie lebt vom Image ihrer Astronauten und das der ISS, gibt für beides aber nur 7 % ihres Budgets aus. Ja, Sie haben richtig gelesen: ganze 7%. Man reibt sich die Augen und fragt sich: Wohin geht denn dann der ganze Rest? Der mit Abstand größte Ausgabenposten ist die Erdbeobachtung mit 30,5%. Das Beobachtungsprogramm Copernicus mit den Sentinel-Satelliten ist es, worauf die ESA und die EU stolz sind. Schon mal was davon gehört? Wahrscheinlich nicht. Macht auch nichts, sie machen nur Bilder von der Erde. Als hätten wird davon noch nicht genug, jeder Quadratmeter der Erde wurde bereits aufgenommen.

Ich will nicht defätistisch sein. Mit Erdbildern kann man viel Geld machen. So kauft die EU jedes Jahr für mehrere 100 Millionen Euro aktuelle Erdbeobachtungsbilder, um nachzusehen, ob die Bauern, denen Agrarsubventionen zur Stilllegung von Feldern bezahlt werden, das auch wirklich tun oder ihre Äcker nicht doch anderweitig nutzen. Und wissenschaftlich sind solche Bilder natürlich auch sehr interessant. Ja, ja, alles richtig. Aber es interessiert keinen, weder die Medien noch die Öffentlichkeit. Rosetta brachte zwar kein Geld, war aber wissenschaftlich extrem interessant und eine geile Mission! Warum nicht mehr davon?

WENN MINISTER ENTSCHEIDEN

Das liegt am ESA-System. Nicht die ESA entscheidet, was geflogen wird, sondern ein Ministerrat aller ESA-Länder. Wenn die sich in der Regel alle vier Jahre im November treffen, um konkrete Projekte zu entscheiden und festzulegen, wie viel sie dafür ausgeben, dann zählt hauptsächlich Geo-Return, also wie viel Geld davon in Form von Aufträgen wieder zu eigenen Raumfahrtfirmen zurückfließt. Worauf man sich dann meist einigt ist, was wir von der Schule her kennen: KGN, kleinster gemeinsamer Nenner, also Missionen, die gerade noch bezahlbar sind, wenn es hoch kommt 350 Millionen Euro.

Wenn es die Minister einmal juckt, dann lassen sie sich auch zu einer Milliarde Euro für Rosetta hinreißen. Oder, im Jahre 2020 soll die ExoMars-Sonde mit Rover auf dem Mars landen, um Bodenproben zu untersuchen, ebenfalls für etwa eine Milliarde Euro. Man könnte darüber fast schon gähnen, das hat die NASA schon x-mal gemacht.

ExoMars ist ein Kind des ESA-Aurora-Programms aus dem Jahre 2001. Ein richtig gutes durchdachtes Programm mit tollen Visionen und Zielen. Aber als von Ministern ungeliebtes Kind kokelt diese erste Mission des Programms vor sich hin, und es ist unklar, ob wirklich 2020 gestartet wird, denn ein erster Landeversuch auf dem Mars Ende 2016 ging schief (siehe voriges Kapitel »ExoMars-Desaster – Warum ExoMars wirklich schiefging«, Seite 139 ff.) und noch fehlen 100 Millionen Euro zur Finanzierung.

ESAs TRAUM: DREAM CHASER

Doch Anfang 2016 kündigte die ESA eine wirklich tolle Sache an: Die Beteiligung am Dream Chaser. Was ist Dream Chaser? Wenn das Shuttle ein Lkw war, dann ist der Dream Chaser der Ferrari unter den bemannten Raumfahrzeugen (RFZ). Er wird von der Sierra Nevada Corporation (SNC) gebaut und wurde der NASA als unbemannte und bemannte Version zur Versorgung der ISS angeboten. Die verschmähte jedoch bisher das geflügelte RFZ-Konzept und gab sich mit dem Spatz in der Hand zufrieden, nämlich mit den Kapseln Cygnus von Orbital Science Cooperation und Dragon von Space X.

Dabei ist der Dream Chaser genial. Er wurzelt im HL-20-Konzept für einen bemannten Flugkörper, das die NASA Anfang der 1990er-Jahre verfolgte. Dieses Konzept basierte wiederum auf dem russischen BOR-4 und dem X-24A der US Airforce/NASA. Die Firma SpaceDev übernahm das HL-20-Konzept und entwickelte es weiter. SNC wiederum kaufte SpaceDev im Jahre 2008 und bot das Konzept als Dream Chaser der NASA an.

Dream Chaser angedockt an die ISS. (Bild: Sierra Nevada Space Systems, wikimedia commons)

WARUM IST DREAM CHASER SO GENIAL?

Der Dream Chaser ist ein sogenannter Lifting Body. Er erzeugt beim Wiedereintritt in die Atmosphäre einen im Verhältnis zu seinem Luftwiderstand (Drag) relativ großen Auftrieb (Lift), im Wesentlichen durch die Form seines Körpers, daher die Bezeichnung. Der Dream Chaser kann damit und wegen der fast senkrecht stehenden Stummelflügel weit besser manövrieren als eine Kapsel, die praktisch überhaupt nicht manövrieren kann: Eine Kapsel wirft man von der ISS ab, sie fällt dann nahezu ungesteuert herunter und trifft irgendwo aufs Meer oder eine große Steppe, so wie bei Sojus. Punktgenaue Landungen gibt es da nicht. Nicht so bei Lifting Bodys. Die haben eine sogenannte cross range capability, also eine seitliche Manövrierfähigkeit, von etwa 2000 km. Da sich die Erdoberfläche bei einem Erdumlauf je nach Breitengrad um bis zu 2500 km nach Osten verschiebt, kann man innerhalb 24 Stunden jede Landepiste mit mindestens 3500 m Länge, also praktisch jeden größeren Landeplatz auf der Erde, punktgenau erreichen. Mit anderen Worten, man bekommt den Flieger innerhalb eines Tages genau dorthin zurück, wo man ihn generalüberholen und neu starten kann. Diese Alternative hat auf den zweiten Blick auch die konservative NASA überzeugt, weshalb sie sie am 14. Januar 2016 in ihrem neuen CRS-2-Kontrakt offiziell aufgenommen hat und der Dream Chaser bis 2024 sechs Flüge zur ISS absolvieren soll.

WAS HAT DAS MIT DER ESA ZU TUN?

Jedes RFZ, das an die ISS andocken will, braucht einen Docking-Mechanismus. Die ESA besitzt wegen ihres früheren ATV-Versorgungsschiffs zur ISS das Know-how dazu. Finanziert durch SNC will die ESA den damaligen Mechanismus nun für den Dream Chaser weiterentwickeln. Dafür will die ESA ihn in Zukunft für wissenschaftliche Schwerelosigkeits-Experimente mieten und – jetzt kommt es – ihn auch als bemanntes RFZ auf die Ariane 5 oder Ariane 6 packen! Das jedenfalls sieht ein Vertrag zwischen SNC und der ESA vor.

Kann man den Dream Chaser einfach auf die Ariane 5 packen? Das geht, jedenfalls im Prinzip. Denn die Ariane 5 wurde in den 1980er-Jahren auch dafür entwickelt, den sogenannten Hermes-Raumgleiter ins All zu befördern, und Hermes sah fast genauso aus wie der Dream Chaser heute. Man muss also statt Hermes den Dream Chaser auf die Ariane anpassen, was mit der sogenannten DC4EU-Studie der deutschen Raumfahrt-Firma OHB, die initiiert durch das DLR seit 2013 läuft, weiter geschehen soll.

RAUMGLEITER MIETEN STATT BAUEN

Ein bemannter Zugang für Europa durch ein kommerzielles US-Unternehmen? Daran hat bisher wohl keiner gedacht, mich eingeschlossen. Aber wenn man genauer darüber nachdenkt, macht das viel Sinn. Die ESA mietet sich einen Raumgleiter für Flüge statt ihn mit allen Problemen, die damit verbunden sind, selbst zu entwickeln. Denn Hermes scheiterte seinerzeit an den hohen Entwicklungskosten von 6 Milliarden Euro und daran, dass die beförderbare Nutzlast »negativ« war, auf gut deutsch, man hätte ihn noch weiter abspecken müssen, bis er wenigstens nur sich selbst ins All bringt! Hermes war also von Grund auf schlecht konzipiert.

Der Deal zwischen ESA und SNC trägt zweifellos die Handschrift des neuen deutschen Generaldirektors Jan Wörner. Bereits in seinen letzten Jahren als DLR-Vorstandsvorsitzender beauftragte er die DC4EU-Studie. Hier stellt offensichtlich jemand die ersten Weichen für die europäische Raumfahrt nach der ISS, also ab etwa 2024. Der Knackpunkt dabei ist, dass es den Dream Chaser sowohl bemannt als auch unbemannt geben wird. Das eröffnet viele Optionen für einen unabhängigen europäischen Zugang zum All.

WIRD ES AUCH FUNKTIONIEREN?

Der Nachteil am Dream Chaser ist, dass er konstruktionsbedingt nur den niedrigen Erdorbit befliegen kann. Er kann also weder in den geostationären Orbit noch darüber hinaus, etwa zum Mond oder gar Mars. Auf der anderen Seite sind solche Missionen in die Tiefe des Weltraums so aufwendig, dass sie von keiner Nation allein durchgeführt werden können. Selbst die NASA wird sich vermutlich dafür Partner suchen. Und für solche Deep Space Missionen entwickelt die NASA gerade das Space Launch System (SLS) und die Orion-Kapsel (MPCV). Für die Orion-Kapsel entwickelt die ESA gerade auf Basis des ATVs ein Versorgungsmodul (ESM). Die Weichen für eine NASA-ESA-Kooperation nach ISS sind also gestellt.

Das sind, wie ich finde, sehr schöne Aussichten. Ich befürchte nur, es wird nicht funktionieren. Denn erstens müsste auch die Ariane 6 in der laufenden Entwicklungsphase auf den Dream Chaser ausgelegt werden. So etwas kann man später nicht nachholen. Und zweitens reicht ein Budget von 7 % für solche bemannte Missionen mit Sicherheit nicht aus.

WAS FEHLT, IST DER PIONIERGEIST

Sollte die ESA ihr Budget für bemannte Raumfahrt erhöhen? Das ist Ansichtssache. Die tiefer gehende Frage ist: Was ist die Aufgabe der ESA eigentlich? Nur für das Wohl der europäischen Raumfahrtindustrie sorgen oder auch die Grenzen der Erkenntnis unseres Sonnensystems weiter hinausschieben, sowohl unbemannt als auch bemannt? Dinge tun, die ein einzelner Staat nicht tun kann?

Ich denke, das ist der entscheidende Unterschied im Selbstverständnis zwischen amerikanischer und europäischer Raumfahrt. In der Präambel zum strategischen Plan der NASA heißt es: »Die NASA ist eine Investition in Amerikas Zukunft. Als Entdecker, Pioniere und Erneuerer erweitern wir kühn die Grenzen in der Luft und im All. Um Amerika zu dienen und zum Nutzen der Lebensqualität auf der Erde.« Von diesem Selbstverständnis ist die ESA, sind wir Europäer und insbesondere die Deutschen, weit entfernt.

Und daher wird es wohl auch in Zukunft so sein wie in der Vergangenheit. Die Amerikaner setzten als erste ihren Fuß auf den Mond und werden als erste ihren Fuß auf den Mars setzen. Die ganze Welt wird ihnen zuschauen und applaudieren und sagen, wenn einer so etwas kann, dann eben die Amerikaner. Genau daraus werden sie ihre technologische wie auch politische Stärke ziehen, in der Vergangenheit wie auch in der Zukunft. Amen.

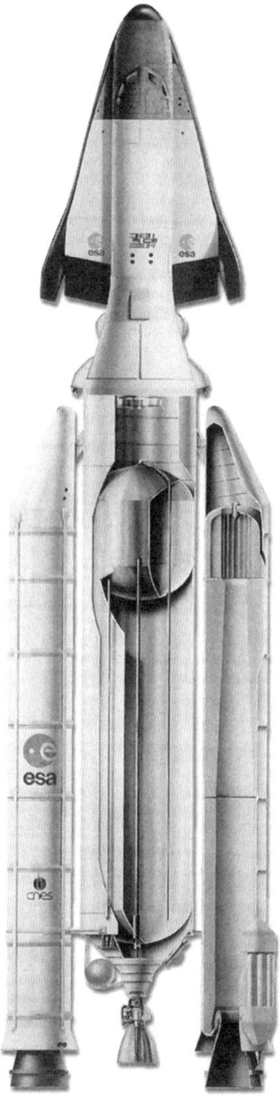

Der Hermes-Raumgleiter auf der Spitze der Ariane-5-Rakete, so wie es das ESA-Konzept aus den 1980er-Jahren vorsah. (Bild: ESA)

KRIEG IM WELTRAUM?

25

Am 3. Februar 2015 wurde der militärische US-Wettersatellit DMSP-F13 zerstört. Seitdem wird spekuliert: War es ein Abschuss durch einen gegnerischen Satelliten, oder explodierte er einfach nur so?

Am 25. Februar 2015 meldete der Astrodynamiker T. S. Kelso aus Colorado, nach fünf etwas älteren nun 26 neue Trümmerteile von DMSP-F13 (Defense Meteorological Satellite System) geortet zu haben. Durch Rückberechnungen konnte er das Explosionsdatum auf den 3. Februar 17.23 h UTC 2015 festlegen. Danach konnte die Air Force Space Command die Fakten nicht mehr für sich behalten und gab auf Nachfrage am 27. Februar die Explosion mit 43 Bruchteilen zu. Sie ließ jedoch die Ursache für die Explosion offen.

Seither gibt es Vermutungen, dass der 20 Jahre alte Wettersatellit DMSP-F13 das Ziel einer gegnerischen Attacke gewesen sein könnte. Denn warum sollte ein Satellit, ein teurer militärischer Satellit dazu, einfach so explodieren?

WURDE DMSP-F13 DURCH GEGNERISCHE MASSNAHMEN ZERSTÖRT?

Gäbe es einen Grund, dass ein militärischer Wettersatellit von einem Gegner abgeschossen würde? Nicht wirklich, denn seit dem Jahre 1962 bringt die Air Force nahezu jährlich einen dieser Wettersatelliten ins All, bisher insgesamt 59.

Der DMSP-F13 wurde 1995 gestartet und war für eine Lebensdauer von 3–4 Jahren ausgelegt. Er war mit 20 Jahren der älteste noch funktionierende DMSP-Satellit. Das US-Militär hatte ihn außer Dienst gestellt, lediglich für die zivile US-Wetterbehörde NOAA war er von gewissem aber geringem Nutzen. DMSP-F13 war also kein Verlust für irgendjemanden. Es gibt somit keinen feindlichen Grund, so einen überfälligen Wettersatelliten funktionsunfähig zu machen.

SATELLITEN ABSCHIESSEN KANN NICHT JEDER

Vielleicht war es aber das Ziel zu zeigen, dass man einen gegnerischen Satelliten aus dem All überhaupt zerstören kann. Das wäre in der Tat eine interessante Demonstration, denn einen kleinen Satelliten, der mit 27.000 km/h durch die Gegend saust, aus mehreren Hundert Kilometern Entfernung zu treffen, ist eine technische Meisterleistung und imponiert jede Großmacht.

Aber statt es auf eine Eskalation mit den USA ankommen zu lassen, wäre es genauso beeindruckend, sich einen eigenen alten Satelliten vorzunehmen. Daher schossen die Chinesen aus reiner Demonstration ihres technischen Könnens am 11. Januar 2007 ihren ausgedienten Wettersatelliten namens Fengyun-1C ab. Dabei erzeugten sie fast 3000 Trümmerteile, die seitdem anderen Satelliten zur tödlichen Gefahr werden.

Die 2841 Müllteile des chinesischen Fengyun-1C nach seiner Zerstörung dargestellt durch den AGI Viewer.

Die USA verurteilten wegen der vielen Müllteile diesen chinesischen Test aufs Schärfste, ließ sich aber nicht lumpen und demonstrierte ihrerseits am 14. Februar 2008 die Zerstörung ihres eigenen defekten militärischen Aufklärungssatelliten USA-193 durch eine RIM-161-SM-3-Rakete. Offiziell war dies jedoch keine technische Demonstration der Stärke, sondern der in die Atmosphäre abstürzende Satellit musste angeblich zerstört werden, ließ die US-Regierung unter George Bush wissen, weil er 500 kg des giftigen Treibstoffes Hydrazin an Bord hatte.

Nun ja, wäre der Satellit in der Atmosphäre verglüht, wäre der Treibstoff in dem leichten Tank ebenfalls verglüht und somit unschädlich geworden. Letztlich ging es also doch nur darum zu zeigen: Seht zu, das können wir auch. Der wesentliche Unterschied bestand jedoch darin, dass die tausende Bruchstücke von USA-193 sofort in der Atmosphäre verglühten und somit keinen Schaden anrichten konnten, während die vielen Müllteile von Fengyun-1C über viele Tausend Jahre anderen Satelliten gefährlich werden könne (siehe nächstes Kapitel »Wie gefährlich ist Weltraummüll?«).

DIE EINFACHE ERKLÄRUNG

Da also die »Can-do«-Fronten seit Längerem geklärt sind, warum ist dann DMSP-F13 explodiert? Bisher sind acht Satelliten-Zerstörungen durch defekte Batterien nachgewiesen worden. Denn früher, und so auch bei DMSP-F13, wurden Nickel-Wasserstoff-Akkus benutzt, die in ihren Stahlkartuschen bis zu 80 bar Gasdruck entwickeln. Wenn nach vielen Jahren des Lastwechsels das Kartuschen-Material ermüdet, dann können solche Batterien explodieren. Die großen Raumfahrtnationen empfehlen daher seit etwa 10 Jahren, Satelliten, die die Grenze ihrer Lebenserwartung erreicht haben, gezielt ins Nirwana zu schicken, indem den Batterien der Druck abgelassen, die Treibstoff-Tanks entleert und somit der Satellit unschädlich gemacht wird. Vor 20 Jahren gab es solche Erfahrungen jedoch noch nicht, und daher gab es bei DMSP-F13 mit Sicherheit solche Abwrack-Vorgaben nicht. Man ließ ihn einfach so weiterfliegen, bis er sich nicht mehr meldete. Daher liegt es nahe, dass bei seinem Ende ein elektrischer Kurzschluss die NiH_2-Battereien zur Explosion brachten.

Diese Vermutung hat sich bestätigt. Aus einem Untersuchungs-Report im Juli 2015 geht hervor, dass ein Kabel-Kurzschluss in der Lade-Elektronik die Batterie unkontrolliert geladen hat, was zu einem unkontrollierten Überdruck der Batterie geführt hat. Im November 2016 explodierte auch NOAA 16 mit dergleichen Batterie und Lade-Elektronik. Auch hier angeblich Explosion der Batterie. Das war wohl nicht die letzte solcher Explosionen.

WIE GEFÄHRLICH IST **WELTRAUMMÜLL?**

26

Weltraumfahrt heute ist wie vor 50 Jahren in der Automobilzeit: Defekte Autos werden einfach am Straßenrand stehen gelassen. Defekte Satelliten sind aber Zeitbomben. Grund genug, etwas dagegen zu tun.

Um zu wissen, worüber wir überhaupt reden, hier zunächst die offizielle Definition der Inter-Agency Space Debris Coordination Committee (IADC) von Weltraummüll: »*Space Debris sind alle aus Raumfahrtaktivitäten hervorgegangenen, nicht-funktionsfähigen Objekte oder Teile von ihnen, in Erdumlaufbahnen oder in atmosphärischen Wiedereintrittsbahnen.*«

Mit anderen Worten: »Weltraummüll sind alle menschengemachten Teile im erdnahen Weltraum, die nicht funktionsfähig sind.« Zum Beispiel auch tote Satelliten.

WO LAUERT DIE GEFAHR?

Die Beschränkung auf »erdnah« hat rein praktische Gründe, denn dort kreisen die aktiven Raumfahrzeuge, die davon getroffen werden könnten. Die mit Abstand meisten Satelliten befinden sich in Höhen zwischen 300 und 2000 Kilometer, sogenannte Low-Earth-Orbits (LEO, niedrige Erdorbits). Viele Nachrichtensatelliten sind im sogenannten geostationären Orbit in 36.000 km Höhe und einige wenige, etwa die Navigationssatelliten wie GPS, im sogenannten Medium-Earth-Orbit (MEO = 2000 km bis GEO). Da Weltraummüll aus den Raumfahrtaktivitäten in diesen Höhen resultiert, gibt es daher auch den mit Abstand größten Müll im LEO, nämlich etwa 73 %.

Wie viel gibt es davon? Das hängt von der Größe der Müllteile ab, die wiederum maßgebend für die Gefahr für ein Raumfahrzeug ist. Als Daumenregel gilt, alles was so groß ist wie eine Erbse, also etwa 1 cm Durchmesser, hat die Durchschlagskraft wie eine Handgranate. Der Grund dafür ist die extrem hohe Geschwindigkeit eines Teiles in LEO. Sie beträgt etwa 28.000 km/h, also etwa 15-mal so schnell wie eine Gewehrkugel. Selbst die Internationale Raumstation kann einem erbsengroßen Müllteil nichts entgegensetzen, ihre Hülle würde durchschlagen. Diese sind aber nicht katastrophal, sondern man hätte genug Zeit, das leckende Modul vom Rest der ISS abzuschotten. Erst bei Müllteilen ab 10 cm Größe wäre der Schaden und der Druckverlust so groß, dass die Astronauten die ISS in der Sojus-Rettungskapsel umgehend verlassen und sie aufgeben müssten.

WELTRAUMMÜLL – WO UND WIE VIEL?

Die aktuelle Statistik besagt, es gibt über 300.000 Müllteile größer als 1 cm. Davon sind 19.000 Müllteile größer als 5 cm. Alles was so groß ist oder größer, kann man von der Erde aus mit großen Radar-Teleskopen des US Space Surveillance Networks sehen und deren Bahnen bestimmen. Alle so identifizierten Müllteile werden in Katalogen gespeichert. Der größte ist der von US Strategic Command. Die meisten dieser gespeicherten Müllteile kreisen in Höhen zwischen 800 km und 1500 km, weil es dort auch die meisten Erdbeobachtungssatelliten gibt. Das Joint Space Operations Center des US Verteidigungsministeriums (DoD) berechnet daraus nun die Flugbahnen für alle katalogisierten Teile größer als 10 cm für 72 Stunden im Voraus und vergleicht deren Bahnen mit denen von allen aktiven Satelliten, wovon es etwa 1000 gibt. Sollte es mit einer gewissen Wahrscheinlichkeit zu einem möglichen Einschlag kommen, wird der Betreiber des Satelliten vorgewarnt, um durch kleine Bahnkorrekturen die Kollision zu vermeiden. Ein Beispiel: Die Internationale Raumstation weicht Risiken von 1 zu 100.000 etwa zweimal pro Jahr durch Manöver aus.

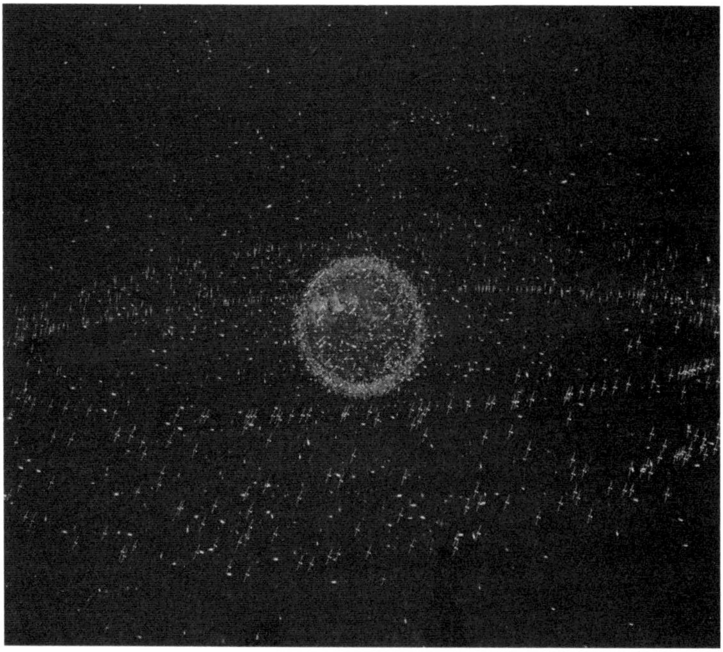

Die katalogisierten größeren Weltraummüllteile. Der Ring weiter außen sind die Satelliten im geostationären Orbit, die helle Wolke um die Erde sind die Satelliten im erdnahen Orbit. (Bild: ESA)

Die ISS ist deswegen nicht so stark gefährdet, weil sie in nur 400 km Höhe kreist und dort die Müllteile durch den Restluftwiderstand abgebremst werden, absacken und so nach spätestens einem Jahr in der Erdatmosphäre verglühen. In diesen sehr niedrigen Höhen gibt es also eine Art Staubsaugereffekt. Dieser wirkt aber nicht mehr in Höhen von 800 bis 1500 km, weil dort die Atmosphäre extrem dünn ist, weshalb sich dort der Müll für nahezu ewige Zeiten ansammelt.

DIE WIRKLICHE GEFAHR: DAS KESSLERSYNDROM

Mit diesem Zustand könnte man eigentlich leben. Die ISS würde im Mittel alle 36 Jahre von einem Müllteilchen der Größe 1–10 cm getroffen werden. Man müsste dann das entsprechende Modul abschotten. Da Raumstationen je nach Pflege sowieso nur eine typische Lebensdauer von etwa 20–30 Jahren haben, sind also Einschläge der kleineren Teile kein gravierendes Problem. Größere Müllteile machen überhaupt keine Probleme, weil Ausweichmanöver geflogen werden.

Die Angst aller Raumfahrtnationen vor dem Weltraummüll bezieht sich auf die Zukunft. Die Anzahl der Müllteile in der Vergangenheit hat kontinuierlich zugenommen, ohne dass sich jemand darum gekümmert hätte (selbst die ESA nicht). So hat die Wahrscheinlichkeit, dass Müllteile sich gegenseitig treffen und so zu noch mehr Müll mit nahezu demselben Gefahrenpotenzial führen stark zugenommen. Es kann nun also zu einem Lawineneffekt kommen, der nicht mehr kontrollierbar ist und der die gesamte Raumfahrt in Zukunft unmöglich macht, insbesondere in den großen Höhen, wo der Müll nicht atmosphärisch beseitigt wird. Dieser sogenannte Kesslereffekt, auch Kesslersyndrom genannt, wird zurzeit von allen Fachleuten heftig diskutiert, und es stellt sich die Frage, was man dagegen tun kann.

Da alle Teile dort oben wie Geschosse durch die Gegend fliegen, lassen sie sich weder in großen Mengen einsammeln noch von der Erde aus abschießen. Das einzige was langfristig hilft ist, die großen Müllteile, insbesondere die nicht mehr funktionstüchtigen Satelliten, mit speziellen Servicer-Satelliten anzufliegen und durch mechanische Einwirkung so abzulenken, dass ihre Bahn die tiefen Atmosphärenschichten durchfliegt und sie dort verglühen. Ein solches Verfahren nennt man im Englischen »Deorbiting«. Damit würde der Lawineneffekt zumindest gestoppt. Ich entwickle an meinem Institut an der TU München genau solche Verfahren, sei es durch ferngesteuerte Robotik oder durch Harpunen oder Netze (eine Idee der ESA), um die Satelliten einzufangen.

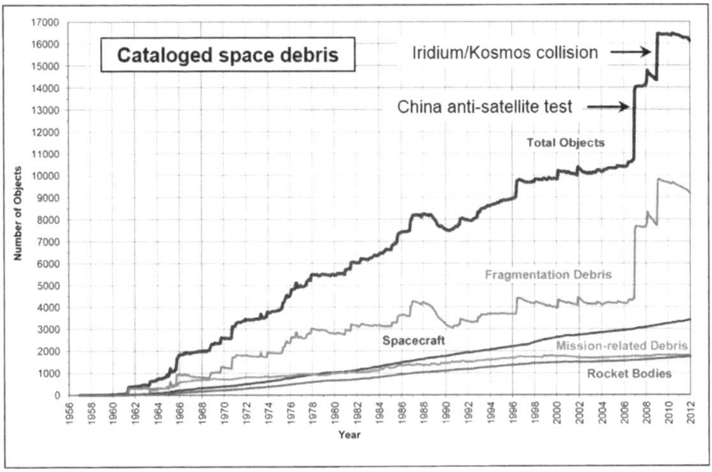

Monthly Number of Cataloged Objects in Earth Orbit by Object Type: This chart displays a summary of all objects in Earth orbit officially cataloged by the U.S. Space Surveillance Network. "Fragmentation debris" includes satellite breakup debris and anomalous event debris, while "mission-related debris" includes all objects dispensed, separated, or released as part of the planned mission.

Quelle: Limiting Future Collision Risk to Spacecraft: An Assessment of NASA's Meteoroid and Orbital Debris Programs, NASA, ISB 978-0-309-21974-7

Zunahme des Weltraummülls seit dem Beginn der Raumfahrt 1957.
(Bild: NASA's Orbital Debris Quarterly News)

VOGEL-STRAUSS-WELTRAUMPOLITIK

Leider ist der Leidensdruck der Raumfahrtnationen noch nicht groß genug, um umgehend solch teure Technologien einzusetzen. Die direkte Kollision zweier Satelliten am 10. Februar 2009, die mit einem Schlag 2000 neue katalogisierte Müllteile erzeugte, hat sie zwar aufgeweckt, aber zu mehr als einer rechtlich nicht verpflichtenden Vorgabe, kein Satellit dürfe nach seinem Ende länger als 25 Jahre im Weltraum bleiben, egal unter welchen Umständen, haben sich die Nationen nicht durchringen können.

Es ist halt wie immer im Leben, der Mensch handelt erst, wenn nichts mehr geht. In diesem Fall ginge aber in den wichtigsten Höhen von 800–1000 km, wo die Erderkundungssatelliten kreisen, nichts mehr auf Jahrhunderte.

ELON MUSK IST DER NEUE WERNHER VON BRAUN!

27

Bereits Wernher von Braun hatte die Vision
von einem bemannten Flug zum Mars.
Heute sind wir nahe an seiner Verwirklichung.

Raumfahrt geht an die Grenzen des Machbaren und ist extrem teuer. Wer also in der Raumfahrt Großes erreichen will, braucht einen starken Willen und viel, viel Geld.

DAS BEWEGTE WERNHER VON BRAUN

Wernher von Braun hatte Anfang des letzten Jahrhunderts diesen Willen. Als er einmal gefragt wurde, was ihn zur Raumfahrt treibe, sagte er, er hätte als Jugendlicher Kurd Laßwitz' Roman *Auf zwei Planeten,* veröffentlicht 1897, gelesen und wäre seitdem vom

Mars besessen gewesen. Das Werk verkaufte sich damals innerhalb von nur wenigen Wochen 20.000-mal, und bald darauf waren mehrere Hunderttausend Exemplare abgesetzt – selbst nach heutigen Maßstäben ein Bestseller und das für viele Jahrzehnte.

In diesem Roman geht es um Marsianer, genannt Numen, die den Erdlingen sehr ähnlich sind, nur dass ihr Blut etwas wärmer ist und ihre Augen etwas stärker glänzen. Sie sind als überzeugte Kantianer uns Menschen sowohl moralisch als auch technisch überlegen. Freie Selbstbestimmung ist auf dem Mars oberste Richtlinie. Politisches Handeln ist Bürgerpflicht, Eifersucht gibt es nicht, und jeder Marsianer soll täglich zwei Zeitungen unterschiedlicher politischer Richtung lesen. Der Gedanke, die Marsianer seien den Menschen in jeder Hinsicht überlegen, war zu jener Zeit nicht gerade neu. Neu hingegen war damals, dass nicht die Erdbewohner den Mars, sondern die Marsianer die Erde in nicht friedvoller Absicht besuchen. Sie bemächtigen sich dreier Männer auf einer Ballonfahrt, woraus sich eine Geschichte entspinnt, an deren Ende die Unterwerfung der Erde unter das sonnenenergiehungrige Marsvolk steht. Der Mythos einer erschreckenden Invasion vom Mars war geboren.

Dieser Roman hatte es von Braun also angetan. Weniger die Story von uns überlegenen Marsianern, sondern der Gedanke, dass man vielleicht zu diesem nächstgelegenen Planeten fliegen könnte. Das zweite Buch, das ihn entscheidend beeinflusste, war das Buch von Hermann Oberth *Die Rakete zu den Planetenräumen* aus dem Jahre 1923, das mathematisch sauber bewies, dass man mit Raketen ins All fliegen können müsste. Dies war im Jahre 1929 der Anstoß für Wernher von Braun, mit dem Bau von Raketen zu beginnen.

OHNE MOOS NIX LOS

Von Braun und sein Team hatten jedoch ein großes Problem: Sie hatten kein Geld für Raketen, die bis ins All fliegen. Daher kam ihnen das Angebot des Heereswaffenamtes genau recht, das ihnen Geld und Versuchsgelände in Kummersdorf nahe Berlin zur Verfügung stellte. Für von Braun war die erste vollwertige Rakete A4, die er später in Peenemünde baute, nur der erste Schritt in Richtung Mars, und ihm war klar, dass der Weg dorthin nur über den Mond gehen konnte.

Daher diente er sich nach dem Zweiten Weltkrieg sofort den Amerikanern an, weil er glaubte, dass nur die seine Raketentechnik für einen Mondflug einsetzen würden. Was sie zunächst nicht taten, sondern erst nachdem die Russen mit Gagarin den ersten Menschen ins All geschickt hatten und damit zeigten, wer die Vormachtstellung im All beanspruchte. Wernher von Braun versuchte zwar bereits während der Apollo-Flüge, die Politiker für einen Marsflug zu gewinnen. Techniker glaubten damals, man bräuchte nur 30 Jahre für einen ersten Flug zum Mars. Aber die Amerikaner wollten nach den großen Investitionen in das Apollo-Programm endlich einmal einen Nutzen sehen und starteten Anfang der 1970er-Jahre das Shuttle-Programm. Von Braun verstarb im Jahre 1977 ohne sein Ziel, Mars auch nur ansatzweise erreicht zu haben.

WENN DER VATER MIT DEM SOHNE ...

Zum 20. Jahrestag der ersten Landung auf dem Mond, am 20. Juli 1989, verkündete der US-Präsident George H. W. Bush die *Space Exploration Initiative,* die in etwa 30 Jahren einen Amerikaner auf den Mars bringen sollte. Jedoch bereits drei Jahre später, als Clinton Präsident wurde, war alles nur noch Makulatur. Dann noch einmal am 15.1.2004 initiierte Präsident George W. Bush, der Sohn des »alten Bush«, seine *Vision for Space Exploration,* um zum Mond und langfristig in etwa 30 Jahren zum Mars zu fliegen. Mit dem neuen Präsidenten Obama wurden auch diese Pläne eingestampft.

Aber seit 2017 ist Donald Trump im Präsidentenamt. Mit ihm schnuppert die NASA Morgenluft und hat bereits Ende 2016 ihren neuen Plan *Journey to Mars* vorgestellt. Demnach steht in 20–25

Jahren der erste Amerikaner auf dem Mars. Tatsächlich hat die neue Regierung Wohlwollen zu diesen Plänen signalisiert, obwohl sie bisher nichts Konkretes verlautbaren ließ. Nach dem Ende der Shuttle-Ära im Jahre 2011 und dem Ende der Raumstation im Jahre 2024 scheint es in Zukunft also wieder Richtung Mond und danach hoffentlich in die Tiefen unseres Sonnensystems zu gehen.

DAS WILL ELON MUSK

Außerdem gibt es da noch Elon Musk, der Unternehmer, der das private Raumfahrtunternehmen SpaceX gegründet hat und erfolgreich und vor allem kostengünstig Flüge ins All anbietet. Wer seine Ansprache bei der Weltraumkonferenz Ende September 2016 in Mexiko gesehen und gehört hat, weiß, dass er es ernst meint. Er will wie die NASA auch zum Mars. Aber er will weit mehr. Seine Vision ist eine permanente Basis auf dem Mars als Vorposten der Menschheit und langfristig eine Kolonie der Menschheit. Und anders als bei den bekannt gewordenen Mars-One-Missionen (siehe mein Buch *Im Schwarzen Loch ist der Teufel los,* Kapitel »MarsOne-Mission – Was ist da dran?«), kann jeder, der zum Mars fliegt auch wieder zurück – wenn er möchte.

Und Musk hat viel Geld, um diese Vision auch umzusetzen. Genau das ist der entscheidende Punkt. Wer sich seine Folien, die er bei der Ansprache präsentierte, genau anschaut, wird feststellen: Was er plant, hat technisch Hand und Fuß, das ist wohlüberlegt. Zwar liegen die anfänglichen Kosten einer Mars-Mission bei von ihm bezifferten 10 Milliarden Dollar. Aber durch den Einsatz von Tankstellen im Erdorbit und auf dem Mars (die anfangs natürlich zusätzlich kosten) und durch eine Art Pendelverkehr zwischen Erde und Mars will er die Kosten stark drücken. Angeblich auf 100.000–200.000 Dollar pro Flug für 100+ Personen. Das halte ich zwar für stark geschönt, aber selbst wenn die Kosten bei 100.000–200.000 Dollar pro Person, also etwa 100–200 Millionen Dollar pro Flug, lägen, was durchaus im Bereich des Möglichen wäre, wäre das der Durchbruch.

Auf die Frage aus dem Auditorium, wie er das finanzieren wolle, antwortete er: »Durch Crowdfunding und Public-Private-Partnership (PPP).« Totenstille im Saal. Dann langsam leises Gelächter, denn jeder hatte erwartet, dass er das schließlich alles selbst zahlen könne. Aber da ist Elon Musk Realist. Er weiß, dass er die Kosten der ersten Missionen von etwa 100 Milliarden Dollar nicht allein aufbringen kann. Er kann sie aber mit seinem Geld initiieren – und das reicht. Viel Geld zieht noch mehr Geld an. Wenn er eine Milliarde Dollar eigenes Geld in die Waagschale wirft, wird die NASA sich nicht lumpen lassen und mitziehen und über ein PPP das Projekt unterstützen, was sie bereits jetzt schon angedeutet hat. Daher werden die Menschen weltweit an das Gelingen dieser Vision glauben und über Crowdfunding das ihre dazutun. Wenn nur 1,4 % der Weltbevölkerung, also 100 Millionen Menschen weltweit, jeweils 100 Dollar zahlen, dann hat Elon Musk das Geld für die erste Mars-Mission zusammen.

READY TO DIE?

Auf die Frage, für wie gefährlich er seine Missionen hielte, meinte er: »When you are ready to die, you are the right candidate.« Das sind ungeschönte Tatsachen. Raumfahrt ist gefährlich (siehe »Wie geht man mit tödlichen Missionsgefahren um?«, Seite 121 ff.), weil sie an die Grenzen des Machbaren geht. Das muss jeder wissen, der mitmacht. Der Unterschied liegt darin, dass die Chancen bei ihm für einen Marsflug mit erfolgreicher Rückkehr bei geschätzten 90 % liegen (das sind NASA-Vorgaben), während bei MarsOne (Mars-Mission ohne *Rückkehr*) bei geschätzten 10 % für den ersten Monat auf dem Mars. Musk spricht offen über seine Risiken, über die extrem hohen Risiken der MarsOne-Mission klärt die Kandidaten keiner auf.

Einen Namen für sein erstes bemanntes Raumschiff zum Mars hat Musk auch schon, ließ er wissen: »The Heart of Gold« in Verehrung des von Zaphod Beeblebrox kommandierten Raumschiffs in Douglas Adams' megabekanntem Science-Fiction-Roman *Per Anhalter durch die Galaxis*.

In der Zeit nach Wernher von Braun, in den 1980er-Jahren, als ohne ihn alle Mars-Visionen dahinschwammen, hieß es unter Raumfahrttechnikern: *»If we want to go to Mars, we need another von Braun!«*, jemanden der einen eisernen Willen und Führungskraft hat. Elon Musk hat mehr als das. Er hat das Startkapital und die NASA hinter sich. Was braucht man mehr, um diesen ultimativen Menschheitstraum zu erfüllen? Träume, die durch Kurd *Laßwitz* oder Douglas Adams gesät wurden, was einmal mehr die bedeutende Rolle von visionären Romanen für unser Denken und Handeln belegt.

»Bis zu den Grenzen
des Universums sind es nur zwei Schritte –
der Glaube und der Wille.«

Honoré de Balzac

DIE MÄR VOM CLEVEREN **RAKETEN-RECYCLING**

28

Der Jubel war groß, als die erste Stufe der Falcon 9 von Elon Musk zurückkehrte und sicher auf der Erde landete. Aber sind Recycling-Raketen wirklich der große Durchbruch in der Raumfahrt? Ich habe da meine Zweifel.

Wiederverwendung klingt nach Kostensenkung und genießt den Ruf, nachhaltig zu sein. So etwas kommt heutzutage immer gut an. Kein Wunder, dass da Presse und Fachleute jubelten: »SpaceX-Gründer Elon Musk gelingt ein Meilenstein: Er holt eine Raketenstufe nach dem Start auf die Erde zurück. Die Ära der Recycling-Raketen kann beginnen.«[7] und »Es ist ein großer

7 www.welt.de/wirtschaft/article150227655/SpaceX-katapultiert-die-Raumfahrt-in-neue-Epoche.html

Landeversuch der 1. Stufe der Falcon-9-Rakete am 17. Januar 2016 auf einer schwimmenden Plattform im Pazifischen Ozean. (Bild: SpaceX, public domain)

Schritt für die Raumfahrt: Mit der erfolgreichen Landung einer Trägerrakete aus dem All rückt das Ende der Wegwerf-Raketen nahe.«[8]

Wie sagte doch der von mir geschätzte Philosoph und Analytiker Bertrand Russell: »Wenn alle Experten sich einig sind, ist Vorsicht geboten.« Lassen wir also Vorsicht walten und schauen uns an, was da wirklich passiert ist.

WAS IST DIE ERRUNGENSCHAFT?

Die Menschen bejubeln die erfolgreiche Rückführung und weiche Landung der ersten Stufe der Falcon-9-Rakete der Firma SpaceX am 21. Dezember 2015. Im Rahmen ihres Grasshopper-Programms experimentiert SpaceX seit 2011 damit herum. Und das muss man SpaceX lassen, so eine weiche Rückführung mit Landung ist eine regelungstechnische Meisterleistung, vor der man den Hut ziehen muss. Echt klasse, SpaceX!

Aber wohlgemerkt, nur die erste Stufe wurde zurückgebracht und nicht die zweite Stufe der Rakete. Das sieht man ganz deutlich im Video des Starts und der Rückkehr am fehlenden oberen Teil der Rakete. Es geht also nur um halbes Recycling. Dieser ersten geglückten Rückkehr gingen zwei missglückte Rückkehrversuche auf einer schwimmenden Landeplattform im Meer im Januar und April 2015 voraus. Inzwischen hat SpaceX die Rückholung aber ganz gut im Griff.

SPACEX SIND NICHT DIE EINZIGEN

SpaceX ist nicht die einzige Raumfahrtfirma, die mit der Rückkehr von ersten Stufen experimentiert. Die Firma McDonnell Douglas demonstrierte in den 1990er-Jahren mit ihrer einstufigen DC-X-Rakete, genannt Delta Clipper, erstmals die erfolgreiche Rückführung und Landung einer Raketenstufe. Nach Beendigung des Testpro-

8 www.welt.de/newsticker/dpa_nt/infoline_nt/brennpunkte_nt/article150230782/SpaceX-Rakete-landet-aufrecht-auf-der-Erde.html

gramms wurden die so erfahrenen Mitarbeiter von der Raumfahrtfirma Blue Origin übernommen, die mit ihrer Rakete New Shepard am 23. November 2015 als kommerzielles Unternehmen erstmals eine erfolgreiche weiche Landung aus 100 km Höhe schaffte – jedoch in Form eines Testfluges und nicht im Rahmen eines kommerziellen Fluges.

WIEDERVERWENDUNG KOSTET ERST EINMAL ...

Obwohl nicht die Ersten bei der Landung einer Rakete, ist SpaceX jedoch die erste Raumfahrtfirma, die diese Technologie gezielt für die Senkung der Flugkosten entwickelt hat. Wie sieht es nun mit dieser Kostenersparnis aus?

Wie so oft im Leben muss man, um Kosten zu sparen, erst einmal zusätzlich Geld ausgeben. Eine neue, effektivere Heizung im Haus kostet zunächst erst einmal Geld beim Kauf. Und weil man noch keine wiederverwendbare Rakete kaufen kann, muss man sie selbst entwickeln. Das kostet noch mehr. Aber Elon Musk, der Eigentümer von SpaceX, hat das aus eigener Tasche bezahlt, wobei er sich darüber ausschweigt, wie teuer ihn die Entwicklung gekommen ist. Er selbst hat jedoch immer wieder verlauten lassen, dass für ihn eine günstige Falcon-Rakete ohne Wiederverwendung großer Teile der Rakete keinen Sinn mache.

Diese zusätzlichen Entwicklungskosten, die ich einschließlich der schwimmenden Landeplattform auf etwa 400 Millionen Dollar schätze, müssten normalerweise auf die Flugkosten einer Rakete umgelegt werden, was zunächst die Kosten erhöht und nicht senkt.

... UND ZWAR VIEL!

Um eine erste Raketenstufe abzubremsen und weich zu landen, braucht man Treibstoff, viel Treibstoff. Konkret etwa 15 Tonnen, nämlich genau so viel, wie die erste Stufe auf die Höhe zu bringen, von der sie abgesprengt wurde. Für diesen zusätzlichen Treibstoff kann man weniger Nutzlast, also Satellitenmasse, mitnehmen.

Laut SpaceX um ein Drittel weniger, also 5 Tonnen weniger in einen niedrigen Erdorbit. Statt also heute 13,15 Tonnen Nutzlast mit Rückführung könnte man 18,6 Tonnen Nutzlast ohne Rückführung ins All bringen. SpaceX hätte also ohne Stufen-Rückführung einen um 30 % höheren Gewinn.

Die Frage ist daher, lassen sich pro Flug mehr als diese 30 %, also 18,4 Millionen Dollar, durch die Wiederverwendung der ersten Stufe einsparen? Erst dann hätte die Wiederverwendung einen finanziellen Vorteil. Tatsächlich sind die Mehrkosten für Rückführung wesentlich höher, denn es kommen nicht nur die zusätzlichen Entwicklungskosten, etwa 8 Millionen Dollar. wenn man die Kosten auf die ersten 50 Flüge umlegt, dazu, sondern auch die Kosten der Bergung. Außerdem, bei einem Start werden alle Raketenteile bis an ihre materiellen Belastungsgrenzen gebracht, insbesondere die Antriebe, die bei der Falcon 300–400 °C bei 100 bar Druck aushalten müssen. Daher sind die nach einem Flug in einem Zustand wie ein Automotor nach 300.000 km. Der muss generalüberholt werden. Also, alles in Einzelteile zerlegen, mit Röntgenverfahren und Ultraschall auf Risse untersuchen, gerissene oder sonstige defekte Teile auswechseln und alles wieder zusammenbauen. So eine Wiederaufarbeitung kostet also viel Arbeit und somit Geld, etwa 50 % der Herstellungskosten eines neuen Antriebs.

KOSTEN-NUTZEN-RECHNUNG

Rechnen wir alles zusammen. Ein Start mit der Falcon 9 kostet laut SpaceX 61 Mio. Dollar. Die erste Stufe kostet neu etwa 25 % davon, also 15 Mio. Dollar. Die spart man sich bei Recycling, abzüglich 50 % Wiederaufarbeitung. Die Ersparnis durch Recycling ist damit insgesamt etwa 7,5 Mio. Dollar. Auf der anderen Seite der Rechnung stehen 18,4 Mio. Dollar Gewinnverlust durch geringeres Nutzlastgewicht plus Umlage der Entwicklungskosten für Rückführungstechnologie von etwa 8 Mio. Dollar. Insgesamt etwa 26,4 Mio. Dollar.

Fazit: 26,4 Mio. Dollar Gewinn bei Nicht-Rückführung stehen 7,5 Mio. Dollar Gewinn bei Rückführung gegenüber. Selbst wenn meine Kostenschätzungen etwas daneben lägen, würde sich eine Wiedergewinnung keinesfalls lohnen, selbst wenn Elon Musk seine Entwicklungskosten nicht wieder reinholen wollte. Tatsächlich macht er mit dem Recycling 15–23 Mio. Dollar Verlust pro Flug. Das soll sich lohnen?

RECYCLING, SO LANGE ES MAN SICH LEISTEN KANN

Daher meine Prognose: Elon Musk wird sich mit den Lorbeeren eines Raketen-Recycling so lange schmücken, bis die Konkurrenz wie etwa die United Launch Alliance (ULA) mit ihrer neuen Vulcan-Rakete und Europa mit ihrer neuen Ariane 6 ihm preislich so auf den Pelz rücken, dass er die Verluste, die er mit dem Recycling macht, nicht länger hinnehmen kann und dann aus anderen ehrenvollen Gründen darauf verzichten wird. Allen anderen Raketenbauern kann ich daher nur raten: Lasst die Finger von dieser Art Raketen-Recycling.

DIE 100-MILLIONEN-DOLLAR-STERNENREISE

29

Stephen Hawking und Juri Milner planen, Nano-Satelliten zu fernen Sternen zu schicken und dort nach außerirdischem Leben zu suchen. Was ist da dran?

Im April 2016 sah und hörte man es auf allen Kanälen und Webseiten: Der russische Milliardär Juri Milner will tiefer ins All vorstoßen, um dort nach intelligentem Leben zu forschen. Milner setzt auf winzige Nano-Raumschiffe – und auf den Physiker Stephen Hawking.

Hinter dem Projekt stecken Juri Milner, ein russischer Milliardär und Wissenschaftsmäzen (seine Mutter nannte ihn angeblich Juri nach dem ersten Raumfahrer Juri Gagarin), Stephen Hawking (Sie wissen schon) und Mark Zuckerberg (genau, der Facebook-Gründer). Sie gründeten 2015 die *Breakthrough Initiatives* zur Suche nach außerirdischem Leben im All mit Radioteleskopen.

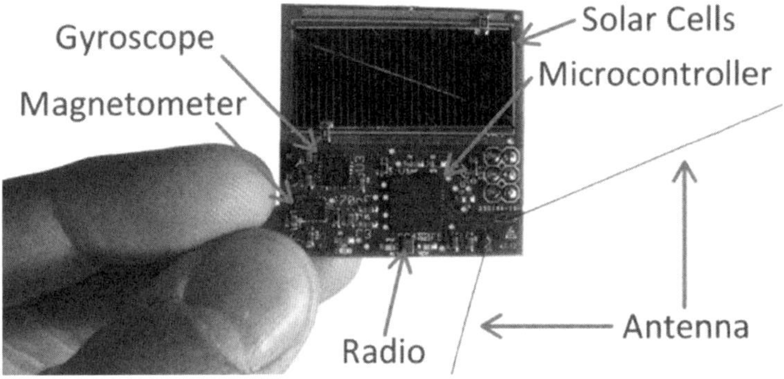

Der Chip-Satellit *Sprite* von Zac Manchester. (Bild: Manchester)

Irgendwann im Jahre 2015 kam Milner mit dem Studenten Zac Manchester von der Cornell University ins Gespräch, der auf Kickstarter Geld für seine Idee eines extrem kleinen Satelliten sammelte. Es handelte sich um einem Satellite-on-a-Chip, den er *Sprite* taufte und auf seiner Webseite vorstellt. Milner war von dieser Idee tief beeindruckt. Seine Idee wiederum war, diesen kleinen, nur wenige Gramm wiegenden Chip-Satelliten (auch Nano-Satellit genannt), zu anderen Sternen zu schicken und dort Bilder von anderen Planeten zu machen. Diese Mission taufte die Breakthrough Initiative *Breakthrough Starshot*. Bekannt gegeben wurde Breakthrough Starshot auf einer Pressekonferenz am 12. April 2016. Das ist denkwürdigerweise das Datum, an dem Gagarin 1961 ins All flog und das seitdem als Juri's Night weltweit von Jugendlichen gefeiert wird.

Die Idee, die Milner dort präsentierte, hatte er mit einigen Fachleuten ausbaldowert und sieht folgendermaßen aus. Man bringe einige Hundert wenn nicht Tausende solcher Chip-Satelliten in die erdnahe Umlaufbahn. Dort breitet jeder von ihnen ein sogenanntes Sonnensegel aus, nur etwa 1m × 1m groß. Und jetzt kommt es: Ein auf der Erde stationiertes Arsenal von etwa 150 Laserkanonen ballern mit einer Leistung von bis zu 100 Gigawatt (das entspricht etwa 10 Kernkraftwerken!) 2–3 Sekunden lang auf die ein Quadratmeter große Sonnensegel-Fläche ein. Diese Leistung beschleunigt den Satelliten angeblich auf 20 % Lichtgeschwindigkeit.

Das wird nicht funktionieren, denn erstens entspricht das einer 40.000-fachen Erdbeschleunigung. Eine Klatsche auf den Satelliten mit einem Baseballschläger ist nichts dagegen. Zweitens, sollte das Sonnensegel außerdem auch nur 0,001 % dieser Leistung absorbieren statt reflektieren (was bisher bei Weitem kein Material schafft), dann wird es in wenigen Mikrosekunden pulverisiert, und das war's dann mit der weiteren Beschleunigung.

Nehmen wir einmal an, die 20 % Lichtgeschwindigkeit würden doch irgendwie erreicht. Mit dieser Geschwindigkeit flöge so ein Satellit angeblich innerhalb von 20 Jahren bis zum nächstgelegenen, nur 4,3 Lichtjahre entfernten Stern Alpha Centauri. Das stimmt, denn 4,3 Lichtjahre / 0,2 Lichtgeschwindigkeit = 21,5 Jahre. Aber was will er da? Milner sagt: »Von Planeten Bilder machen und wissenschaftliche Daten sammeln und alles zur Erde zurückschicken.«

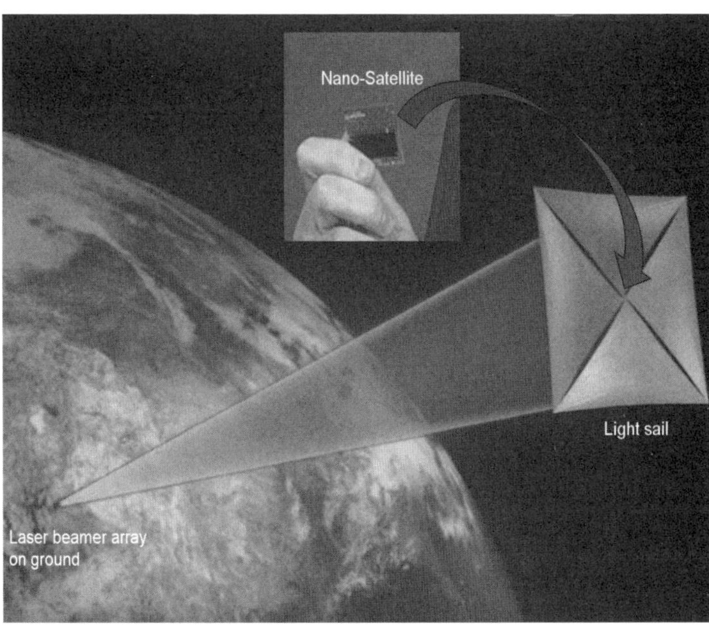

Funktionsprinzip von *Breakthrough Starshot.* Der Chip-Satellit befindet sich genau im Zentrum des Sonnensegels. (Bilder der Pressekonferenz + Montage Ulrich Walter)

Wie bitte?! Alpha Centauri ist ein Doppelsternsystem, das die meisten Planeten, die dort entstanden sind, rausgekickt hat. Wenn es noch einen Planeten gibt, nämlich Alpha Centauri Bb, dann ist der eine tote Wüste mit Oberflächentemperaturen von mindestens 800 °C oder mehr. Also nix außerirdisches Leben.

Und wie soll ein so kleiner Satellit eine Sendeleistung von mindestens einigen 100 Watt Laserlicht bekommen? Manchesters Chip hat eine Solarzelle (das ist die große schwarze Fläche auf dem Chip). Na, ob die dafür ausreicht? Und wo ist der 100-Watt-Laser auf dem Chip?

Es gibt da also noch eine Menge Probleme zu lösen. Dazu zählt auch, dass das Licht aller Laserkanonen kohärent am Sonnensegel ankommen muss. Licht mehrerer Gigawatt-Laser kohärent abzustrahlen ginge ja noch irgendwie, aber jede kleinste Luftfluktuation zerstört die ankommende Kohärenz. »Stimmt«, sagt Milner, »das ist noch ein Problem, aber man könnte die Laser im Weltraum stationieren.« Das heißt, die schwebenden Laser auf Nanometerabstand genau platzieren und mit 10 Kernkraftwerken im All versorgen. Übrigens, für alles zusammen will Milner 100 Millionen Dollar zur Verfügung stellen. Selbst wenn er da drei Nullen dranhängt, wird das wohl nicht reichen. Irgendwo in einem Nebensatz wird gesagt, dass die Breakthrough Initiative noch weitere Sponsoren sucht. Na denn …

Ich muss gestehen, ich bin trotzdem ein Freund dieses Projektes, selbst wenn es nicht funktionieren wird. Da nimmt ein Kerl für eine spleenige Idee einfach mal 100 Millionen in die Hand. Jugendliche in der Welt werden vielleicht Wettbewerbe, wie etwa die Space-Elevator-Wettbewerbe (siehe »Space Elevator – Per Weltraumlift ins All?«, Seite 189 ff.), veranstalten und daraus wird sicherlich eine neue Technologie und eine neue Generation von Raumfahrt-Freaks hervorgehen. Wenn Juri das erreichen würde, dann hätte sich die Investition allemal gelohnt.

Juri, weiter so!

GEBLITZT!

30

Worauf Sie sich als zukünftiger Tourist im Weltraum gefasst machen müssen.

Gehören Sie auch zu denjenigen, die schon für einen Urlaub im Weltraum sparen? Die Russen planen langfristig regelmäßige Flüge für Weltraumtouristen ins All. Zu den Reisevorbereitungen gehört aber nicht nur ein gutes finanzielles Polster, man sollte auch wissen, was einen dort oben so erwartet. Sie fliegen zwar dort hinauf, um einmal so richtig die Erde von oben zu genießen, aber es gibt auch andere Dinge, von denen Sie vorher wissen sollten, damit Sie sich hinterher nicht sagen müssen: »Ja, spinn' ich oder was?«

LICHTBLITZE! WIRR IM KOPF?

Sie sollten sich darauf einstellen, dass Sie am ersten Tag durch die Weltraumkrankheit außer Gefecht gesetzt sind. Außerdem wird Ihnen Ihr morgendlicher Kaffee nicht mehr schmecken, weil sich wegen dem fehlenden Duft (in der Schwerelosigkeit steigt kein warmer Duft auf, weder beim Kaffee noch beim Essen) ihr Geschmackssinn verändert. Und Sie werden sich fragen, ob Sie überhaupt noch normal sind, weil Sie immer wieder Visionen im Auge haben: Sie sehen ab und zu Lichtblitze. Keine Sorge, das ist für Sie zwar ungewöhnlich, aber dort oben ganz normal. Schon die ersten Astronauten wunderten sich über diese Lichterscheinungen im Auge. Sie behielten das aber für sich, weil sie glaubten, sie wären wirr im Kopf. Bei dem traditionellen Tag-up-Meeting der Astronauten – es findet traditionell jeden Montagmorgen im Meetingraum der Astronauten in Houston statt –, bei dem man unter anderem auch über seine Erfahrungen berichtet, stellte man aber schnell fest, dass nahezu jeder, der im Weltraum war, diese Lichterscheinungen kannte. Irgendwas musste also dahinterstecken, und man wandte sich an die Mediziner.

Die fanden schnell heraus, dass sich die berichteten Lichtblitze bei Flügen über den Südatlantik stark häufen; insbesondere während erhöhter Sonnenaktivitäten. Weil es dort bekanntlich die sogenannte Südatlantische Anomalie gibt – eine starke Schwächung des irdischen Magnetfelds –, musste es auch etwas damit zu tun haben. Das gab den entscheidenden Hinweis. Wie man heute weiß, handelt es sich um den Einschlag hochenergetischer Elementarteilchen, die üblicherweise durch das Erdmagnetfeld abgelenkt und durch die Erdatmosphäre eliminiert werden und nie auf die Erdoberfläche treffen. Es handelt sich hierbei um Teilchen, meist Protonen, die in besonders großer Zahl bei erhöhten Sonnenaktivitäten entstehen, und sogenannte HZE-Teilchen, hochionisierte Atome größerer Massenzahl aus den Tiefen des Weltraums. Durch eine Schwäche (Anomalie) des Erdmagnetfelds über dem Südatlantik können dic Teilchen aber dort bis auf wenige Hundert Kilometer an die Erde heranreichen und die Flugbahnen der Raumfahrzeuge kreuzen.

Ich war bei meiner D2-Mission ein bisschen enttäuscht, weil ich zunächst keine Blitze sah. Als ich einmal etwas Zeit hatte, und wir gerade über den Südatlantik flogen, legte ich mich in meine Koje und zog die Einstiegsluke zu, sodass es um mich herum absolut dunkel wurde. Jerry, mein Schichtkollege, fragte mich gleich, ob ich mich krank fühle, aber als ich ihm von meinem kleinen Experiment erzählte, lachte er nur. Da schwebte ich nun mit geschlossenen Augen vor mich hin, sah aber immer noch nicht viel. Ich glaube zwar, einmal einen Blitz rechts oben im Blickfeld gesehen zu haben, aber für einen Wissenschaftler ist einmal so gut wie keinmal. Ereignisse müssen wiederholbar sein, erst dann lassen sie sich genauer untersuchen.

DIE URSACHEN

Bis heute sind sich die Wissenschaftler nicht ganz darüber einig, wie diese Lichtblitze im Auge entstehen. Ich vertrat bis vor Kurzem die Meinung, dass es sich hier wahrscheinlich um die sogenannte Tscherenkow-Strahlung handelt, die man aus anderen Bereichen der Physik kennt. Sie entsteht hier folgendermaßen. Die genannten Teilchen fliegen mit fast Lichtgeschwindigkeit auf das Auge zu und dringen wegen ihrer hohen Geschwindigkeitsenergie fast ungehindert in das Innere des Auges ein, das aus einem transparenten Gel, dem Glaskörper, besteht. In diesem Gel sind aber die eintretenden Masseteilchen schneller, als sich das Licht hier ausbreiten kann. Diese Tatsache steht übrigens nicht im Widerspruch zur Einstein'schen Relativitätstheorie, die besagt: *Nichts kann schneller fliegen als mit Lichtgeschwindigkeit*. Was die Relativitätstheorie meint, ist die Vakuumlichtgeschwindigkeit, sozusagen die freie Lichtgeschwindigkeit im leeren Weltraum. Die Geschwindigkeit des Lichts verringert sich aber in Anwesenheit von Medien wie etwa dem Augen-Gel, wodurch Masseteilchen, die dort nahezu mit Vakuumlichtgeschwindigkeit fliegen, schneller sind als das Licht! Solche Überlichtgeschwindigkeit-Teilchen werden durch Kollisionen mit den Molekülen des Gels schnell abgebremst. Dabei reißen sie in einer Art Überschallknall »Löcher« in die Atomhüllen der Moleküle – die Moleküle werden ionisiert. Beim Wiederauffüllen dieser Löcher entstehen kleine Lichtwellen. Das einfallende Teilchen zieht nun eine lange, gerade Spur von Myriaden ionisierten Molekülen hinter sich her. Eben dadurch entsteht die beobachtete Leuchtspur, die die umgebende Netzhaut wahrnimmt. Und diese »Überlichtknall-Strahlung«, hervorgerufen durch Teilchen, die im Glaskörper schneller fliegen als das Licht, nennen die Physiker Tscherenkow-Strahlung.

Prof. Hans Bichsel von der Universität Washington, der sich in der Vergangenheit mit diesem Phänomen und ähnlichen Vorkommnissen, von denen auch Patienten bei Neutronenbestrahlung berichtet haben, beschäftigte, wies mich in einer E-Mail darauf hin, dass er da ganz anderer Meinung sei. Er denkt, die Lichtblitze gingen zurück auf eine direkte Anregung der Augennetzhaut durch kosmische Teilchen. In einem längeren Hin und Her kamen wir zu dem Ergebnis, dass wohl beides zutrifft: Die sogenannten »Flashes« und »Doubles«, kleine Einfach- und Doppelblitze, von denen Astronauten berichten, entstehen wahrscheinlich direkt in der Netzhaut, während die sogenannten »Streaks« (lange schmale Blitze), »Supernovae« (heller zentraler Blitz, umrundet von einer Wolke vieler, kleinerer Blitze) und »Clouds« (strukturlose, schwache, verschwommene Blitze) eher durch Tscherenkow-Strahlung verursacht werden.

EIN SELBSTVERSUCH

Wer nach so viel theoretischer Blitzerei gern mal selbst einen Blitz sehen möchte, dem empfehle ich einen völlig harmlosen Selbstversuch für Zuhause. Dazu nehme man eine 3-Volt-Spannungsquelle (zwei hintereinander geschaltete 1,5-Volt-Batterien sind ideal. **Achtung, nur zwei 1,5-V-Batterien, keine Netzspannung verwenden!**), zwei dünne Stromkabel mit abisolierten Enden und nasses Tafelsalz. Je ein Kabel wird an den beiden Endkontakten der Batterien festgemacht und das andere Ende eines Kabels von einer Hilfsperson mit etwas Tafelsalz auf dem nassen Finger fest auf die Kopfhinterseite gedrückt. Dann begibt man sich in einen stockdunklen Raum, wartet etwa 10 Minuten bis sich die Netzhaut an die Dunkelheit adaptiert hat und drückt dann selbst das andere Kabel, ebenfalls mit einem mit Tafelsalz angefeuchteten Finger rhythmisch auf die Stirn. Jedes Mal wenn das abisolierte Kabelende die Stirn berührt, sieht man einen Lichtblitz.

Die so erzeugten Blitze, sogenannte elektrische Phosphene, beruhen auf einer direkten gleichmäßigen elektrischen Anregung der gesamten Netzhaut. Die erscheinen daher als sehr großflächig und sind nur bedingt mit den Flashes, Doubles, Streaks, Supernovea und Clouds der Raumfahrer zu vergleichen. Wer also gern auch die echten Blitze sehen möchte, der sollte sich noch ein wenig gedulden und ein bisschen sparen – für seinen Urlaub im Weltraumhotel.

Übrigens: Selbstversuche haben bei Naturwissenschaftlern eine lange Tradition. Der Kardiologe und spätere Nobelpreisträger Werner Forßmann setzte sich im Jahre 1929 selbst den ersten Herzkatheter. Und Antoine Henri Becquerel entdeckte im Jahre 1896 die Radioaktivität von Uran, weil das auf Fotoplatten Schwärzungen hinterließ. Aber, er wie auch andere Pioniere der Radioaktivitätsforschung fanden später schnell heraus, wie man Uran in einer Probe viel einfacher und schneller nachweisen kann: Man hält in einem dunklen Raum die Probe einfach an die Schläfe. Wenn man dann Blitze, nämlich die Tscherenkow-Strahlung der von Uran ausgesandten radioaktiven Alpha-Strahlung im Auge sieht, dann ist Uran drin!

TAIKONAUTS GO!

31

Da tränen einem die Augen vor Lachen: Seit 2003 fliegen Chinesen mit eigener Rakete ins All, was wir nie zustande gebracht haben, aber bis 2009 zahlten die Deutschen in Kolonialmanier Entwicklungshilfe an China.

Fragen Sie doch einmal Ihren Youngster, was die Amerikaner in der Raumfahrt so gemacht haben. Da werden seine Augen groß und es sprudelt dann sicher nur so aus ihm raus. Dass die NASA (das erste Wort, das er wahrscheinlich fließend sprechen konnte) Astronauten zum Mond und auf die Raumstation geschickt haben, und die tollen Bilder vom Hubble-Teleskop. Fast wöchentlich bekomme ich Bilder von Kindern im Alter zwischen 5 und 10 Jahren, die mir das im Detail genau aufmalen.

Bild des NASA-Shuttles und der MIR-Station vom 5-jährigen Frederik. (Bild: schriftliche Zusendung von Frederik an Ulrich Walter)

Und jetzt fragen Sie ihn, was die Europäer oder Deutschen da so machen. Ich meine, gehen Ihrem Youngster die Namen ESA oder DLR genauso locker über die Lippen? Nein? Wissen SIE, wer das ist und was die machen? Mal Hand auf's Herz, wissen Sie das wirklich, ohne zu googeln?

Das einzige, was viele glauben zu wissen ist, dass unsere Raumfahrt viel zu teuer ist. Das Geld ist doch viel besser in Entwicklungshilfe für arme Länder angelegt. Stimmt. Bis 2009 hat Deutschland 350 Millionen Euro jährlich Entwicklungshilfe für das arme China gezahlt aus Barmherzigkeit, damit die armen Taikonauten, die die Chinesen seit 2003 ins All schicken, nicht verhungern. So sind wir Deutschen nun mal. Bei humanitärer Hilfe kann man einfach nichts verkehrt machen (Ist ja gut gemeint!), und zu teuer kann das dann auch nie sein. Nur die eigene Raumfahrt ist es.

Wenn mir von einem öffentlichen Fernsehsender mal wieder das Mikrofon unter die Nase gehalten wird und ich gefragt werde, ob die deutsche Raumfahrt nicht zu teuer ist, dann frage ich meist zurück: »Zu teuer? Wie teuer?« Wissen Sie es? Jetzt fangen Sie aber nicht gleich an zu googeln, sondern frisch und frei von der Leber weg: 10 Euro, 50 Euro, 100 Euro oder 500 Euro Steuergelder pro Bundesbürger pro Jahr? Es sind weniger als zehn pro Jahr für die deutsche Raumfahrt, etwa 18 Euro für die deutsche und europäische Raumfahrt zusammen! Wenn Sie jetzt sagen: Wenn aber hinten nichts rauskommt (jedenfalls wissen Sie von nichts), dann ist jeder Euro zu viel. Da muss ich Ihnen recht geben. Null durch 18 ist dasselbe wie null durch eins und dasselbe wie null durch null (fast jedenfalls. Die mathematischen Details erspare ich Ihnen), nämlich immer null. Und null ist einfach zu wenig. Aber es ist nicht null! Tatsächlich kommen die Wissenschaftler ins Schwärmen wenn sie das Wort *Envisat* (2 Milliarden Euro), *Sentinel* (5+ Milliarden Euro) oder *Galileo* (7 Milliarden Euro – Galileo, Galileo … ist das nicht Sendung mit der Maus für Erwachsene bei ProSieben?) hören. Sie fragen sich »Was ist das?« und ich sage Ihnen, dazu schickt mir kein einziges Kind ein Bild.

Anders die Chinesen. Sie stiegen im Jahre 2003 beim europäischen Galileo-Projekt ein (das ist das zukünftige GPS für Europa. »Wozu das eigentlich? Mein Navi funktioniert doch auch so!«, werden Sie sich sagen), steigen nach zwei Jahren abspinksen aus, sahnten noch deutsche Entwicklungshilfe ab und bauten mit diesem Wissen ihr eigenes Navi-System auf, genannt BeiDou, das inzwischen fliegt. Nur das europäische ist immer noch nicht fertig. Außerdem haben die jetzt ein eigenes Weltraummodul, was eigentlich eine kleine Raumstation ist, und fliegen da jetzt regelmäßig hin. Zudem haben sie ein Auto auf den Mond gebracht, in 2025–2030 sollen chinesische Taikonauten auf dem Mond landen und in den Jahren 2040–2060 auf dem Mars. Sagen die Chinesen. Schaffen sie zwar nicht, ist aber egal, denn inzwischen bekomme ich dazu die ersten Bilder von den Kindern, und ich frage mich: Was läuft da bei uns schief? Aber irgendwann bekommen wir sicher Entwicklungshilfe von China, und dann läuft das bestimmt auch bei uns wieder!

SPACE ELEVATOR – PER WELTRAUMLIFT INS ALL?

32

Per Aufzug ins All, kann das funktionieren?

Die Idee hört sich genial an. Man nehme ein langes Seil bis »weit hoch« ins All, und fahre mit einem Fahrstuhl daran hoch. So könnte man sich all die teuren Raketen sparen, mit denen man für jedes Kilogramm ins All heutzutage 15.000 Euro zahlen muss. Das müsste mit einem Weltraumlift doch wesentlich günstiger gehen!?

DAS FUNKTIONSPRINZIP EINES WELTRAUMLIFTS

Schauen wir uns die Idee genauer an. Zunächst ist da die Frage: Wo da oben ist das Seil aufgehängt, sodass es nicht selbst herunterfällt? Hier kommt die zentrale Idee der Ingenieure ins Spiel. Die Erde dreht sich in 24 Stunden einmal um die eigene Achse. Wenn sich das Seil ebenso schnell mitdreht, dann würde es für uns scheinbar stillstehen und die Zentrifugalkraft würde es nach außen stramm ziehen.

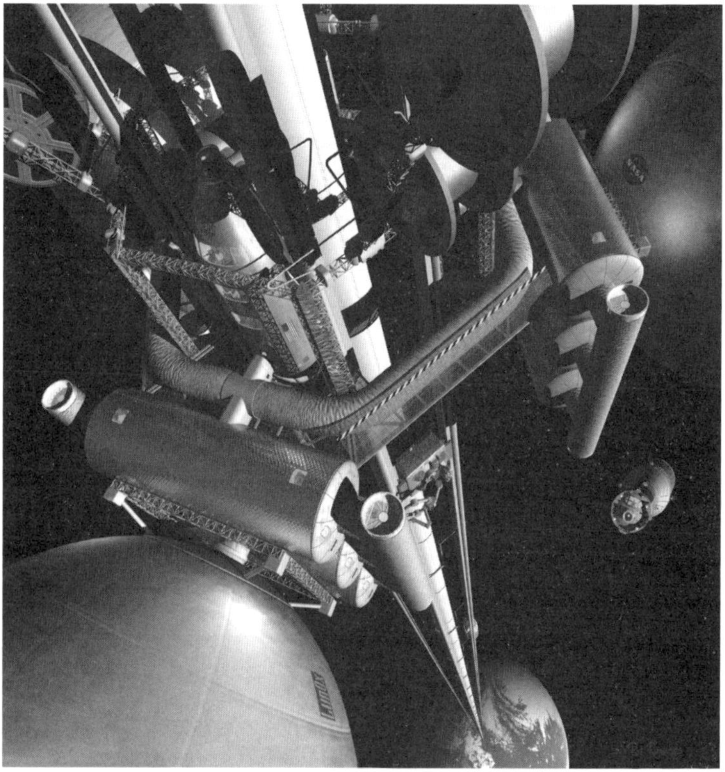

Ein Weltraumlift bei seinem Weg ins All. (Foto: NASA)

Kann das funktionieren? Dazu muss die Zentrifugalbeschleunigung der Erddrehgeschwindigkeit nach außen größer sein als die Erdbeschleunigung von 1 g = 9,8 m/s² nach unten. Auf der Erdoberfläche ist sie jedoch nur 0,0034 g, reicht also bei Weitem nicht aus, um einen Körper vom Boden abzuheben. Das ist für uns alle natürlich gut, sonst würde uns nichts mehr auf dem Boden halten. Die Zentrifugalbeschleunigung nimmt mit zunehmender Höhe linear zu und die Gravitationsbeschleunigung quadratisch ab. Erst in einer Höhe von 35.800 km, dem sogenannten geostationären Orbit (GEO) über der Erdoberfläche, sind sie exakt gleich groß, nämlich 0,022 g. Körper, die mit der Winkelgeschwindigkeit der Erde um die Erde kreisen, sind in dieser Höhe also ausbalanciert, solche darunter fallen herunter, und die darüber werden durch die überschüssige Zentrifugalkraft nach außen gezogen.

Damit ist klar, ein Seil muss wesentlich länger als diese 35.800 km sein, damit der Zug der Seilteile etwas weiter draußen den Zug der Teile etwas weiter unten ausbalanciert. Wie lang muss ein Seil insgesamt sein, damit alle äußeren Teile alle weiter unten ausbalancieren? Eine Rechnung zeigt, es muss 144.000 km lang sein. Das ist natürlich verdammt lang! Man kann das Seil verkürzen, indem man statt dem Seilende ein Gegengewicht anbringt. Aber intuitiv ist klar, je näher dieses Gegengewicht an die Grenzentfernung GEO, also 35.800 km, kommt, umso größer muss es sein. In GEO-Entfernung müsste es unendlich groß sein.

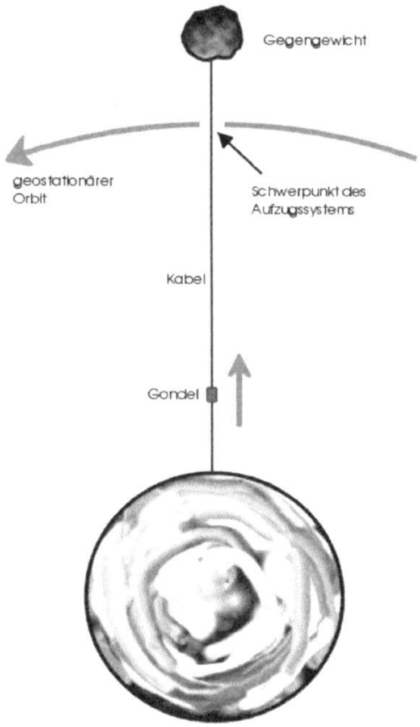

Schema eines Weltraumlifts (Bild: GNU Free Documentation License)

HÄLT DAS MATERIAL DAS AUS?

Der Knackpunkt am Seil ist aber nicht seine Länge, sondern die maximale Zugkraft, die natürlich genau in seinem Schwerpunkt in GEO entsteht. Es lässt sich zeigen, dass diese maximale Zugkraft weitaus größer ist als die Zugfestigkeit des besten Stahls, den wir kennen. Daher hatte man das Thema in den 1960er-Jahren ad acta gelegt. Dann entdeckte man aber ein Material bestehend aus Kohlenstoff-Nanoröhren. Das zeigt eine 20–30-mal größere Zugfestigkeit als Stahl und ist zugleich um den Faktor 6 leichter. Außerdem stellte man fest, dass das Seil nicht überall gleich dick sein muss. Nur im GEO muss es am dicksten sein, um die maximale Zugspannung aufzunehmen, darüber und darunter kann die Dicke abnehmen. Das spart enorm an Masse, die zudem die maximale Zugspannung im GEO herabsetzt.

Würde man nun ein so optimiertes Fahrstuhlseil mit 100.000 km Länge aus Kohlenstoff-Nanoröhren bauen und einen Sicherheitsfaktor 2 berücksichtigen, dann müsste das Gegengewicht am Seilende 50 Tonnen Masse haben, und das Seil selbst wöge 98 Tonnen. Es hätte am Erdboden einen Querschnitt von nur 0,15 mm^2. Da hat es auch nichts zu halten, es schwebt sozusagen gerade über der Erdoberfläche und muss lediglich in einer Verankerung gehalten werden, damit es sich nicht seitlich verschiebt. Um genau zu sein, muss es gerade so dick sein, dass es die Zentrifugalkraft des Seils, die gebraucht wird, um die Last eines hier angenommenen 1 Tonnen schweren Lifts zu tragen, aushält. Aber selbst in GEO hätte es einen Querschnitt von nur 3,5 mm^2. Diese extrem kleinen Querschnitte zeigen, welch enorme Zugspannungen diese Nanoröhrchen aushalten können. Um es anders herum auszudrücken: Erst diese neuen Materialien machen einen Weltraumlift erst denkbar.

SO WÜRDE MAN DEN LIFT BAUEN

Denkbar heißt nicht unbedingt auch machbar. Denn Seile aus Kohlenstoff-Nanoröhrchen mit den besagten Eigenschaften gibt es noch nicht, nur mikroskopisch kleine Röhrchen im Labor. Aber nehmen wir einmal an, irgendwann könnte man solche Seile bauen. Wie würde man den Lift bauen? Zunächst müsste man das Gegengewicht in etwa sieben Flügen nahe an GEO bringen. Kein Problem. Dann bräuchte man aber eine Rakete, die das Seil in einem Stück dort hochbringt. Das schafft keine heutige Rakete. Dazu müsste man eine etwa 10-mal größere Rakete als die Ariane 5 bauen. Oben angekommen wird das Seil am Gegengewicht befestigt und dann ausgespult. Dabei bewegt sich das Gegenstück nach außen weg, und das Seil senkt sich bis zum Erdboden ab. Also im Prinzip auch kein Problem.

WELTRAUMSCHROTT UND ANDERE PROBLEME

Aber erst jetzt kommen die Probleme. Das Seil hat eine effektive Querschnittsfläche von $300 \times 300\ m^2$. Die Wahrscheinlichkeit von einem Weltraummüllteil getroffen und zerschlagen zu werden, ist daher sehr groß. Nach etwa einem Monat wäre es passiert. Dagegen lässt sich nichts machen, weil selbst kleinste Teilchen von nur 1 cm Durchmesser, die man von der Erde aus nicht sehen kann, zerstörerisch sind. Außerdem, wer deckt die Schäden durch das herunterfallende Seil ab, dessen Einschlagstellen sich wegen den Winden nie vorhersagen lassen? Zudem gibt es in den Höhen 200–600 km aggressiven atomaren Sauerstoff in der Restatmosphäre, der das Seil relativ schnell zersetzen würde.

Aber auch weiter draußen in 800–1000 km Höhe, dort wo die meisten Satelliten auf ihren Bahnen fliegen, gäbe es Probleme. So ein Seil schwingt immer leicht und unkontrollierbar, weshalb ein Zusammenstoß mit anderen zurzeit etwa 1500 aktiven Satelliten unausweichlich wäre. Nicht nur das Seil wäre dann zerstört, sondern laut Weltraumrecht müsste der Betreiber des Seils auch den Schaden bezahlen, das heißt nicht nur den verlorenen Satelliten, sondern auch die Nutzungsausfallkosten. Und natürlich könnten auch Flugzeuge weiter unten in ein dahindriftendes Seil fliegen. Tatsächlich dürfte ein Weltraumlift rechtlich nur gebaut werden, wenn der Betreiber nachweisen könnte, dass keine operationellen Satelliten Schaden nehmen würden, was er nicht kann.

UND WOFÜR DAS GANZE?

Satelliten in GEO, das sind meist Nachrichten-Satelliten und militärische Satelliten, ließen sich natürlich aus einem Lift sehr leicht aussetzen, denn dort haben sie exakt die richtige Orbitgeschwindigkeit. Doch in niedrigen Erdorbits ist das ganz anders. Dort hat das Seil eine Orbitgeschwindigkeit von nur 0,5 km/s, Satelliten brauchen dort aber etwa 7,7 km/s. Für solch niedrig fliegende Satelliten (das sind immerhin 70 % aller Satelliten) bringt ein Weltraumlift also so gut wie nichts. Aber umgekehrt wäre er vorteilhaft. Entließe man einen Satelliten in 46.800 km Höhe, würde er genug Geschwindigkeit haben, um das Schwerefeld der Erde zu verlassen. Würde man ein Raumfahrzeug am Ende des Seils, also am Gegengewicht in 100.000 km Höhe, freilassen, hätte es eine Geschwindigkeit, die es sogar bis zum Jupiter katapultieren würde.

Sollten wir also einen Pendelverkehr für teure Urlaubsflüge zum Mars einrichten wollen, dann sollte man sich das mit dem Weltraumlift überlegen, ansonsten sehe ich die Kosten und die Probleme weit größer als den Nutzen.

Dessen ungeachtet bin ich ein großer Fan der jährlich im September stattfindenden Space-Elevator-Challenge, einem Studenten-Wettbewerb um den besten Weltraumlift. Dabei müssen 100 m Höhe in möglichst kurzer Zeit und mit möglichst wenig Energie überwunden werden. Am besten hinfahren und sich das Spektakel anschauen.

NEWSPACE – DAS GESCHÄFT MIT DEM WELTRAUM

33

In der Raumfahrt geht zurzeit die Post ab, aber keinen interessiert es. Typisch deutsch.

Bei der Raumfahrt geht es um richtig viel Geld. Trotzdem, oder vielleicht gerade deswegen, geht da zurzeit die Post ab. Wir Deutsche erfahren nichts davon, weil Deutschlands intellektuelle Medien nichts von Raumfahrt halten: Was haben wir denn davon? Die Raumfahrt kostet Millionen, und in Afrika verhungern die Kinder!

WORUM GEHT ES BEI NEWSPACE?

NewSpace ist im ureigensten Sinne des Wortes eine Raumfahrtrevolution. Disruptive Technologien krempeln die Raumfahrt um.

Alte Regeln werden über den Haufen geworfen. Jung gegen Alt. Raumfahrt war bisher ein institutionelles Geschäft, was bedeutet, nur Nationen, und große dazu, konnten es sich leisten, Raketen zu entwickeln, zu bauen und damit Satelliten ins All zu schießen. Konkret: Die Entwicklung einer neuen Rakete kostet etwa 3 Milliarden (3000 Millionen) Euro. Der Bau und Abschuss einer großen Rakete, um damit einen Nachrichten-Satelliten in die geostationäre Umlaufbahn zu bringen, kostet etwa 150 Millionen Euro. Ein Nachrichten-Satellit kostet etwa 300–400 Millionen Euro.

Warum ist das alles so teuer? Weil jeder Satellit bisher feinste Handarbeit war und er zudem auf Anhieb und ohne Mucken 15 Jahre lang funktionieren musste. Im Weltraum gibt es eben keine Reparaturwerkstätten. Einmal dort oben, und das Ding muss funktionieren, oder man hat einen 500 Millionen teuren Schrotthaufen. In der Raumfahrt wird daher jede Schraube dreimal umgedreht und auf Zuverlässigkeit getestet, bevor sie eingebaut wird. Das kostet.

WAS IST JETZT ANDERS?

Der amerikanische Wissenschafts- und Technik-Autor G. Harry Stine traf den Nagel auf den Kopf, als er schrieb: »Die Raumfahrtrevolution wird nicht stattfinden, bevor nicht jemand Geld damit machen kann, Raumschiffe zu fliegen.« Aber wie kann ein Privatunternehmen Geld machen, wenn die Anfangsinvestitionen gigantisch sind und alle Nationen ihre Raumfahrt subventionieren, um sie am Laufen zu halten? Die Antwort lautet: Da muss halt jemand an die Raumfahrt glauben, richtig viel Geld in die Hand nehmen und Raumfahrt komplett anders machen als die anderen.

Das sind die sogenannten Serial Entrepreneurs, Leute vom Schlage Richard Branson und Elon Musk. Elon Musk gründete zuerst das Dotcom-Medienunternehmen Zip2, verkaufte es für 22 Millionen Dollar, gründete damit X.com, das PayPal kaufte. In 2002 verkaufte er PayPal an Ebay für 1,5 Milliarden Dollar, womit er Tesla Motors und SpaceX gründete. Tesla macht zwar immer noch keinen Gewinn, vielleicht sogar nie, aber zu einem echten Entrepreneur gehört halt auch Risikobereitschaft. Mit SpaceX baut er die Falcon-9-Rakete, die inzwischen mehr Flüge pro Jahr ins All macht als der bisherige Marktführer Arianespace, weil sie nur halb so teuer wie die Ariane 5 ist.

So die Pistole auf die Brust gesetzt, kommen die Europäer erst jetzt in die Puschen und wollen nun mit einer neuen Ariane 6 dagegenhalten, deren Startkosten statt bisher 140 Million Euro nur noch 90 Millionen Euro betragen sollen. Musk verlangt nur 56 Millionen Euro (62 Millionen Dollar) für einen etwa vergleichbaren Schuss mit seiner Falcon 9. Für 81 Millionen Euro (90 Millionen Dollar) will Musk mit seiner zukünftigen Falcon Heavy doppelt so viele Satelliten in den geostationären Orbit bringen als Ariane 6. Ich möchte mal wissen, wie die Europäer in Zukunft so die Füße wieder auf den Boden kriegen wollen? SpaceX ist ein Paradebeispiel einer disruptiven Innovation.

MIT SCHALLPLATTEN ZUM WELTRAUMTOURISMUS

Wer eine halbe Milliarde Dollar Einsatz mitbringt und kein Problem damit hat, sie eventuell zu verlieren, ist in der Raumfahrt genau richtig. Richard Branson (Legastheniker) ist auch so ein Fall. 1970 gründete er die Schallplattenfirma *Virgin Records* (jeder, der früher Vinyl-Platten hatte, kennt den Schriftzug des Virgin-Firmenlogos, das in der Mitte der Platte prangte). Virgin Records nahm Mike Oldfield unter Vertrag und machte 1973 mit seiner ersten LP *Tubular Bells* Geld wie Heu. Branson erweiterte damit seine Aktivitäten zum Mischkonzern *Virgin Group* mit heute 50.000 Mitarbeitern und 21,3 Milliarden Dollar Umsatz pro Jahr. Im Jahre 2004 gründete er die Firma *Virgin Galactic,* die den suborbitalen Gleiter *SpaceShipTwo* baut, um demnächst Touristen ins All zu bringen. Laut seinen eigenen Aussagen haben bereits 700 Personen den vollen Flugpreis von 200.000 Dollar (inzwischen 250.000 Dollar) bezahlt. Branson hat also bereits 140 Millionen Dollar eingenommen, ohne einen einzigen Touristen ins All gebracht zu haben. Das nenne ich einen Business Case!

MIT ALDI INS ALL?

So, und jetzt stellen Sie sich einmal die Familie Albrecht (Eigentümer von Aldi) vor, die eine Milliarde Euro (lediglich 6 % ihres Vermögens) in die Hand nimmt und damit Weltraumtourismus macht. Bei dieser Vorstellung huscht einem doch ein Lächeln über das Gesicht, denn wir alle wissen, das wird nie geschehen. Das passt nicht zur deutschen Mentalität.

Das würde auch deswegen nie geschehen, weil wir alle diese Mentalität haben. Denn um Raumfahrt in Deutschland oder vielleicht in Europa machen zu können, müssten zunächst erst einmal die Gesetze dazu geschaffen werden. Man kann schließlich nicht einfach durch den strikt geregelten Luftraum ins All fliegen! Das würde unser Luftfahrtbundesamt, das dafür zuständig ist, nie hinkriegen. Und wenn es bei den Flügen Tote gäbe, und das wird es anfangs mit Sicherheit, wäre Aldi gleich erledigt, bei den Schadensansprüchen. Und für die Politiker, die man für entsprechend neue Gesetze bräuchte, ist NewSpace kein Thema, da meist Intellektuelle.

TOT? SELBST SCHULD!

Ganz anders in den Vereinigten Staaten. Dort wurden in einigen Staaten im November 2015 die entsprechenden Gesetze erlassen. Wenn anfangs ein Weltraumtourist dabei umkommt, ist das bei einem so hoch riskanten Geschäft wie Raumflug sein eigenes Risiko. Platz und die Genehmigung für einen entsprechend neuen Weltraumbahnhof für Weltraumtouristen (Spaceport America) gibt es dort inzwischen auch. Das einzige Problem: Branson hat die Raumfahrttechnik unterschätzt und feilt nach einem Absturz mit Totalverlust und einem Toten immer noch an der Technik. »Space is hard«, heißt es zu Recht in der Raumfahrt, so wie früher in den Pioniertagen der Luftfahrt.

Unbemerkt von der europäischen Öffentlichkeit wurden so in den letzten fünf Jahren und ausschließlich in den USA viele private Raumfahrtunternehmen gegründet, die aus eigener Tasche 13 Milliarden Euro investiert haben. Wie etwa OneWeb, die einige Milliarden Dollar zusammengebracht haben, um in wenigen Jahren 700 Satelliten (in Worten siebenhundert!) auf einmal ins All zu bringen, um ein weltumspannendes Internet-System aufzubauen, das selbst die entlegendsten Ecken der Erde erreichen soll. Bei so vielen Satelliten können ruhig ein paar nicht funktionieren. Man schießt einfach ein paar zusätzliche hinterher.

Das ist die ganz neue Art von Raumfahrt-Business – das ist NewSpace.

WELTRAUMBESTATTUNG IM FRÜHBUCHERRABATT

34

Mögen Sie es extravagant?
Dann lassen Sie sich doch im Weltraum bestatten,
es kostet weniger, als Sie denken!

Der kommerzielle Raumfahrtmarkt blüht wie im letzten Kapitel beschrieben. Es gibt darunter auch Geschäfte mit Weltraumbestattungen, die der Bundesverband Deutscher Bestatter jedoch ablehnt, weil er die gewerbliche Nutzung von Produkten oder Rückständen der Kremation als unethisch ansieht.

Wieso das? Dann müssten auch Urnen-Seebestattungen unethisch sein. Außerdem sehen das wohl nicht alle Bestattungsunternehmen so, denn zum Beispiel bieten die zwei deutschen Bestattungsunternehmen Riedl und Streidt diesen Weltraumservice ganz offiziell an, obwohl sie sich über konkrete Bestattungstermine und Kosten nicht auslassen. Es heißt auf deren Webseite nur, man müsse sich viel Zeit lassen, etwa zwei Jahre.

RÜCKBLICK AUF BISHERIGE WELTRAUMBESTATTUNGEN

Kein Wunder, denn für eine Bestattung im Weltraum braucht man eine Rakete, und die kann man sich in Deutschland nicht einfach so mieten wie ein Auto. Ganz anders im Land der unbegrenzten Möglichkeiten, den USA. Dort kann man sich etwas Platz auf einer Rakete anmieten und los geht's. Das Anmieten eines Urnenplätzchens muss man natürlich nicht selbst machen, dafür gibt es eigens gegründete Weltraumbestattungsunternehmen. Das wohl erfahrendste ist *Celestis,* eine Tochtergesellschaft der kommerziellen Weltraumfirma Space Services, in Houston, die auch anbietet, gegen einen geringen Obolus Sternen einen Namen zu geben. Celestis führte bisher 14 Bestattungsflüge ins All durch, der letzte am 15. November 2015. Der nächste soll im Jahre 2018 sein. Bewerbungsschluss war der 15. Juni 2017.

Der erste derartige Bestattungsflug fand am 21. April 1997 statt. Damals brachte eine mit einem Flugzeug gestartete Pegasus-Rakete die Überreste vom Schöpfer von Star Trek, Gene Roddenberry, vom Guru der Hippiebewegung der 1960er-Jahre, Timothy Leary, vom deutschen Raumfahrt-Ingenieur Krafft Ehricke und von 21 anderen Personen in eine Erdumlaufbahn. Die Rakete mitsamt den Überresten verglühte beim Wiedereintritt am 20. Mai 2002 nordöstlich von Australien.

DAS SIND DIE KOSTEN

So eine Weltraumbestattung ist erstaunlich günstig. Celestis verlangt für ihren *Earth Orbit Service* aktuell ab 4995 Dollar. Das ist ziemlich genau so viel wie die Gesamtkosten einer mittleren Feuerbestattung in Deutschland, nämlich 4260 Euro. Natürlich gibt es da ein paar Haken. Voraussetzung für eine Weltraumbestattung ist, dass man zuvor feuerbestattet wurde. Von der Asche kann man ein paar Gramm abzweigen (na ja, selbst natürlich nicht mehr) und auf die letzte Reise ins All schicken. Außerdem, mehr kostet auch mehr.

Die Kosten staffeln sich nach der Menge der Asche. Die 4995 Dollar gelten für 1 Gramm, 2 Gramm kosten 7500 Dollar und 3 Gramm 10.000 Dollar. Will ein Ehepaar gemeinsam im All bestattet werden, dürfen sie zusammen nicht mehr als 7 Gramm wiegen, kostet dann aber auch nur 15.000 Dollar.

Es geht aber auch günstiger, denn es gibt inzwischen Konkurrenz. Auf der Webseite der US-Firma *Elysium Space* kann man ein »Bestattungspaket« über 1 Gramm für den Preis von 2490 Dollar in den virtuellen Einkaufswagen legen (add to cart). Der Haken hier, die haben bisher noch keinen erfolgreichen Bestattungsflug gehabt. Ihr erster Flug namens *Star I* Ende 2015 erreichte erst gar nicht den Erdorbit. Genaueres ließ sich nicht erfahren. Wahrscheinlich ist die Rakete zwischendurch explodiert (soll ja bekanntlich gerade bei Erstflügen vorkommen). Was soll's, Asche zu Asche. Wer's richtig gemacht hat, schickte sowieso nur unwichtige Körperteile dort oben hin. Der Rest ruht sicher in einer Urne hier auf Erden.

EIN PLÄTZCHEN AUF DEM MOND?

Für manche ist der Erdorbit sowieso kein »richtiger« Weltraum, der beginnt erst beim Mond. Aber auch so eine Mondbestattung lässt sich jetzt schon buchen. Celestis bietet ihre Mondbestattung *Luna Service* von 1 Gramm Asche für 12.500 Dollar an. Die Preisstaffelung für »mehr« ist entsprechend wie ihr *Earth Orbit Service*. Aber auch hier ist Elysium kostengünstiger. Sie verlangen für ihr *Lunar Memorial* von ebenfalls 1 Gramm im Frühbucherrabatt (So nennen die den wirklich. Man sollte sich mit seinem Tod also etwas beeilen.) nur 9.950 Dollar für die ersten 50 Flieger. Der 51. kostet bereits 11.950 Dollar.

So sehen die kleinen Aschekapseln aus, von denen jeweils 60 zusammen eine Lage bilden. Etwa sechs Lagen machen eine Box aus, die ins All befördert wird. (Bild: Elysium Space)

GOOGLES LUNAR X-PRIZE MACHT'S MÖGLICH

Wie bekommen Celestis und Elysium die Aschekapseln auf den Mond, denn selbst werden die nicht dorthinfliegen? Google macht's möglich. Um genau zu sein Googles Lunar X-Prize. Dieser Preis wurde 2007 gegründet und ist mit insgesamt 30 Millionen Dollar dotiert. Das erste private Unternehmen, das es schafft, erfolgreich einen Roboter auf dem Mond zu landen, der dort mindestens 500 Meter weit fährt und dabei HD-Videos und Fotos zurück zur Erde überträgt, erhält allein 20 Millionen Dollar. Der zweite erhält 5 Millionen Dollar und alle späteren den Rest. So eine Mission kostet natürlich, allein die Startkosten betragen etwa 50 Millionen Dollar, wenn's günstig kommt.

Ursprünglich war der Preis auf Ende 2012 limitiert. Da es keiner bis dahin schaffte, wurde das Ende auf unbestimmte Zeit verschoben. Es gibt weltweit insgesamt 16 angemeldete Teams, darunter auch das deutsche Team *Part Time Scientists*. Davon haben bereits zwei einen Flug gebucht, nämlich das US Team *Moon Express* und das israelische Team *Team SpaceIL*. Celestis hat sich bei der US-Firma Moon Express eingekauft (Flug angeblich Ende 2017) und Elysium Space bei *Astrobotic Technology*, ebenfalls ein Lunar-X-Prize-Team. Das hat zwar noch keinen Flug gezeichnet, aber laut Elysium soll Ende 2018 geflogen werden. Wann auch immer, Asche hält sich bekanntlich ziemlich lange, und der größte Teil ruht sowieso bereits irgendwo auf Erden in Frieden.

ALLE GUINNESS-REKORDE SIND SCHON ABGERÄUMT

Selbst wenn man sich entschließen sollte, einen Teil seiner Asche zum Mond zu fliegen, man käme trotzdem nicht ins Guinness-Buch der Rekorde. Denn einer ist dort bereits schon bestattet. Im Jahre 1998 flog die NASA mit der Sonde *Lunar Prospector* zum Mond. Freunde des ein halbes Jahr zuvor verstorbenen und berühmten Astronomen Eugene Shoemaker, dem Mitentdecker des Kometen Shoemaker-Levy 9 und 30 anderer Kometen, konnten bei der NASA erwirken, dass einige Gramm seiner Asche auf der Mondsonde mitgenommen wurden. Nach 1½ Jahren Mondumkreisungen wurde die Sonde gezielt in einen polaren Mondkrater gestürzt, um dort mögliches Eis aufzuwirbeln, das man von der Erde aus beobachten wollte. Und so fand der erste Mensch auf dem Mond seine letzte Ruhe (zumindest ein Teil von Eugene Shoemaker).

Sollten Sie nun darauf spekulieren, wenigstens der erste Mensch zu sein, der in den Tiefen des Alls bestattet wird, dann muss ich sie auch da enttäuschen. Auch den gibt es schon. Teile der Asche von Clyde Tombaugh, dem Entdecker des Kleinplaneten Pluto, wurden auf der NASA-Pluto-Mission *New Horizons* mitgenommen, die bekanntlich Mitte Juli 2015 am Pluto vorbeiflog und voraussichtlich im Jahre 2035 die Grenze unseres Sonnensystems erreicht haben wird, um danach in den interstellaren Raum unserer Milchstraße einzutreten.

Aber Ihr Hund könnte es ins Guinness-Buch schaffen, denn Celestis bietet inzwischen und ganz neu auch Weltraumbestattungen für Tiere an, als Celestis Pet Mission. Die Preise sind natürlich dieselben wie für uns Menschen. Nur geflogen wird nicht zusammen, nachdem Celestis dies zwar anfänglich in Betracht zog, daraufhin aber einige Kunden ihren Flug angeblich stornierten – dann doch lieber mit der Ehefrau.

NASAS PLÄNE FÜR DIE NÄCHSTEN 20 JAHRE

35

Amerika ist führend in der Raumfahrt, nach wie vor. Mitte September 2016 trafen sich Raumfahrt-Ingenieure zu Stand und Zukunft amerikanischer Raumfahrt.

Amerika träumt wieder von der großen Raumfahrt und setzt alles daran, sie in den nächsten Jahren auch umzusetzen. Der Jahrmarkt für amerikanische Raumfahrt ist der jährliche SPACE Congress. Hier ein Bericht vom Kongress im September 2016 in Long Beach / Los Angeles, an dem ich teilnahm.

VORSTOSS IN DIE TIEFEN DES ALLS

Begeisterung liegt in der Luft. Nach der Stilllegung der Shuttle-Flotte im Jahre 2011 und den Jahren der bemannten Raumfahrtabstinenz danach haben die Amerikaner nun wieder vielversprechende Ziele – und das Geld dazu. Dies wissend herrscht eine Goldgräberstimmung, so wie in den 1960er-Jahren zu Zeiten von Apollo. Und den Amerikanern ist es verdammt ernst. Die Vorträge darüber, was sie genau planen und was der Stand ist, waren die meistbesuchtesten des Kongresses überhaupt.

Der wichtigste unter ihnen war wohl der von Andrew Schorr von der NASA mit dem Titel »Space Launch System – Stand und Fortschritt bis zum Start«. Das Space Launch System (SLS) ist NASAs neuer bemannter Zugang ins All. Es ist eine Rakete so groß wie früher die Saturn V, nur moderner und flexibler, nämlich nicht nur für die bemannte Raumkapsel Orion, sondern auch für reine Nutzlastflüge. Mit der SLS will die NASA bemannt zum Mars fliegen und unbemannt in die Tiefen unseres Sonnensystems, insbesondere zum Eismond Europa des Jupiter, weil es dort möglicherweise außerirdisches Leben geben könnte. Diese Mission ist eines der großen Ziele der NASA in den nächsten 20 Jahren. Das ganz große Ziel ist natürlich die erste bemannte Mission zum Mars, die laut NASA in den 2030er-Jahren stattfinden soll. Wann genau, darauf will sie sich nicht festlegen. Der erste Testflug mit der unbemannten Orion-Kapsel zum Mond, um ihn herum und gleich wieder zurück, soll im Jahre 2019 durchgeführt werden. Der erste bemannte Flug zum Mond und zurück soll angeblich 2023 stattfinden, die NASA versucht jedoch, ihn bis 2021 zu schaffen, insbesondere weil Trump die NASA dazu drängt, damit er das als seinen Triumph vor seiner angestrebten Wiederwahl einfahren kann. Wie das alles passieren soll, darüber berichtete Andrew Schorr in seinem Vortrag.

DAZU BRAUCHT MAN RAUMFAHRT-NERDS

Bei einem Mittagessen setzten Andy und ich uns zusammen. Er ist ein echter Raumfahrt-Nerd. Als er erfuhr, dass ich deutscher Astronaut auf einer Shuttle-Mission war, ging ein breites Lächeln über sein Gesicht. Nicht nur, weil er seit 1985 als Techniker am Shuttle arbeitete, sondern auch weil seine Vorfahren aus Deutschland kamen. Sie hießen ursprünglich Pschorr (Kennern ist das Pschorr-Bräu aus München bekannt). Weil aber Amerikaner kein »psch« aussprechen können, ließen sie das P einfach weg.

Andy bekräftigte die unerschütterliche Absicht der NASA, bemannt zum Mars fliegen zu wollen. Der technologische Weg dorthin führe aber über den Mond. Er sei der sogenannte »proving ground«, also der Ort, an dem die Funktionstüchtigkeit der Marstechnologie nachgewiesen werden soll. Der Mond ist dafür einfach praktisch, weil man bei einem Problem innerhalb von 2–3 Tagen wieder sicher zurück auf der Erde ist.

DIE SLS ALS ARBEITSPFERD

Die SLS-Rakete soll entsprechend über die Jahre ständig verbessert werden. In seiner Präsentation (siehe Abbildung auf der nächsten Seite) zeigte er die aktuellen Entwicklungsphasen. In ihrer ersten Version »SLS Block 1« für den EM-1-Flug zum Mond wird sie 70 Tonnen Nutzlast in den niedrigen Erdorbit bringen können. Für den ersten bemannten Flug EM-2 wird sie in der Version »SLS Block 1B Crew« schon 105 Tonnen schaffen. Für die Mars-Missionen, wo schweres Gerät (etwa 300 t) in den niedrigen Erdorbit gebracht werden muss, wird sie zur »SLS Block 2 Cargo« für 130 Tonnen Nutzlast aufgemotzt.

Von den 300 t sind 250 t Treibstoff, die man braucht, um 50 t Nutzlast zum Mars zu bringen. Der größte Teil davon ist wiederum Treibstoff für den Abstieg auf dem Mars und danach wieder Aufstieg in den Marsorbit und Rückflug zur Erde.

Der aktuelle Entwicklungsstand (Stand: Mitte 2017) ist der: Mitte 2016 wurden die beiden weißen Booster erfolgreich getestet. Von Ende 2016 bis Ende 2017 wird die Oberstufe gebaut und die Mittelstufe (oberer und unterer Teil des Mittelteils) zusammengebaut. Anfang 2018 werden beide Teile getestet und bis 2019 alles zusammengebaut, sodass 2019 zur EM-1-Mission gestartet werden kann.

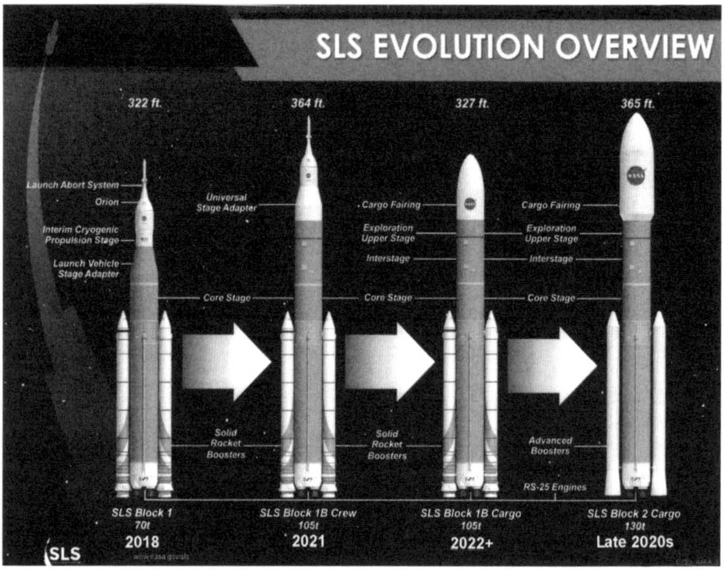

Abbildung 1: Entwicklungsphasen des Space-Launch-Systems der NASA. (Bild: NASA)

DIE WEITEREN GROSSEN RAUMFAHRTTHEMEN DER NÄCHSTEN 20 JAHRE

Dass mit der SLS unbemannte Flüge ins äußere Sonnensystem nur halb so lange oder noch kürzer dauern würden, war ein anderes großes Thema auf dem Kongress. Bei einem Direktflug zum Jupiter-Mond Europa etwa reduziert sich die Zeit von bisher 5–7 Jahren mit mehreren Swing-bys (siehe »Swing-by-Manöver – Per Huckepack durchs Sonnensystem«, Seite 101 ff.) auf 1,9 Jahre. Befindet sich außerirdisches Leben in den Ozeanen von Europa oder Enceladus (Mond von Saturn)? Das herauszufinden ist das zweite große Ziel der NASA.

Weitere große Raumfahrtthemen waren die Kommerzialisierung des cis-lunaren Raumes, was unter dem Begriff *New Space Economy* läuft. Unter »cis-lunar« versteht man den Bereich bis zum Mond, der von den vielen neuen Raumfahrtfirmen als neues Geschäftsfeld erkannt wurde. Die NASA ist sehr daran interessiert, für ihre eigenen Missionen mit diesen Firmen zusammenzuarbeiten. Und damit man nicht alle Ersatzteile von der Erde vor Ort ins All schleppen muss, interessieren sich nun viele Firmen für *In-Space-Manufacturing* (auch *Space-to-Space-Manufacturing* genannt), also 3D-Druck von Ersatzteilen im All.

Weitere große Themen waren: Entwicklung von Habitaten für cis-lunare bemannte Aktivitäten und Mond- und Mars-Landegräte. Auch wiederverwendbare Trägersysteme wurden heiß diskutiert, wobei sich hier nach der anfänglichen Euphorie Ernüchterung breit macht (siehe meine Zweifel im Kapitel »NewSpace – Das Geschäft mit dem Weltraum«, Seite 195 ff.) ob deren ökonomischer Sinnhaftigkeit. Außerdem Miniaturisierung von Satelliten und On-Orbit-Servicing durch Space Robotics, also die Idee, hauptsächlich teuren funktionslosen Kommunikationssatelliten im geostationären Orbit durch Servicing durch Weltraumroboter wieder neues Leben einzuhauchen.

Was davon auch immer umgesetzt werden wird, eines ist sicher: Uns stehen faszinierende Jahrzehnte Raumfahrt bevor, und es macht Spaß, dabei zu sein.

DIE ZUKUNFT DER RAUMFAHRT NACH 2020

36

Die Ära der Internationalen Raumstation geht langsam zu Ende. Was kommt danach? Was wäre sinnvoll? Werden die Nationen weiter zusammenarbeiten oder jeder für sich?

Eine Raumstation hat eine geplante Lebensdauer von typischerweise 15–20 Jahren. So auch die Internationale Raumstation ISS. Ihr Bau begann im Jahre 1998. Das Kernstück-Modul Swesda kam im Jahre 2000 in den Orbit, das letzte Modul, das japanische KIBO-Labor, wurde im Jahre 2009 und die letzten Teile (Solarpanele) im Jahre 2010 angebaut. Im Jahre 2020 wird also die geplante Altersgrenze der ISS erreicht sein. Tatsächlich ließe sie sich auch darüber hinaus betreiben, jedoch wächst dann wie bei einem Auto, das älter als 15 Jahre wird, der Wartungsaufwand, bis man sich die Frage stellt, lohnt sich das noch?

AMERIKAS VISION ZUR EXPLORATION …

Lohnt es sich, die ISS über 2020 hinaus zu betreiben? Die Amerikaner, die mit über 50 % Anteil das Sagen haben, meinen, das soll der Markt entscheiden. Die Weichen dazu stellten sie bereits schon vor 13 Jahren. Damals am 14. Januar 2004 hielt Präsident Bush seine berühmte Rede *Vision for Space Exploration,* in der er den Weg zur Kommerzialisierung der ISS vorzeichnete. Seine Vision in einfachen Worten ausgedrückt lautet: Wir Amerikaner unterteilen den Weltraum in zwei Bereiche: Den Bereich bis zum Mond und den Bereich Mond und darüber hinaus. Aus dem Bereich bis zum Mond soll sich die NASA langfristig herausziehen, und die bestehenden Einrichtungen wie die ISS sollen kommerzialisiert werden. Dafür sollen wir Amerikaner, also die NASA, als Pioniere der Raumfahrt uns auf die Eroberung des Mondes und später des Mars konzentrieren. Space Exploration nannte er das.

… UND ZUR KOMMERZIALISIERUNG

Zur Kommerzialisierung der ISS startete er das COTS-Programm. Im Jahre 2010 ging Präsident Obama noch einen Schritt weiter. In einem neuen Raumfahrtpolitik-Programm sollten alle US Raumfahrtaktivitäten so weit als möglich privatisiert werden. Dazu schuf er das US-Büro für Raumfahrtkommerzialisierung, und legte die Kommerzialisierung des US-Teils der ISS in die Hände eines neu geschaffenen öffentlichen Unternehmens, dem Center for the Advancement of Science in Space (CASIS). Dazu sollten mit dem Programm CCDev der bemannte Transport und mit COTS die automatischen Versorgungsflüge sichergestellt werden.

JEDE NATION HAT EIGENE INTERESSEN

Die NASA hat sich also bereits aus der ISS verabschiedet. Und die Russen? Vizepremier Dmitri Rogosin hat im Zuge der Ukraine-Spannungen mit den USA angekündigt, den Betrieb der ISS nach

2020 mit der Progress und Sojus einzustellen. Dafür denken die Russen jetzt über eine eigene Raumstation nach. Und die Europäer? Sie sind die einzigen, die den Betrieb der ISS über 2020 hinaus befürworten würden. In Europa sind die Deutschen die treibende Kraft für die ISS, während alle anderen, insbesondere die finanzkräftigen Franzosen und Italiener, ihre eigenen Ziele verfolgen. Die Ariane 6 ist das Baby der Franzosen und die Vega-Rakete das der Italiener.

LOHNT EINE RAUMSTATION?

Was ist der Grund? Die Forschung in der Schwerelosigkeit, die sogenannte μg-Forschung, ist der Nutzen der ISS und wird der jeder zukünftigen erdnahen Raumstation sein. μg-Forschung hat in Deutschland Tradition und ist in der Tat sehr gut, auch im Vergleich zur klassischen Grundlagenforschung. Aus ihr ging sogar ein Nobelpreis hervor, der für Chemie im Jahre 2009 an Ada Yonath.

Die Frage ist nur: μg-Forschung um welchen Preis? Denn auf sie entfällt ein Großteil der ESA-Raumfahrtgelder. Da bleibt nicht mehr viel für anderes. μg-Forschung ist also eine Frage der Abwägung von Prioritäten. Für die Deutschen ist μg-Forschung ein zentraler Teil der Raumfahrt, für die anderen ESA-Länder eher ein weniger wichtiger Teil, und die Amerikaner sagen, der Markt soll darüber entscheiden. Da CASIS sogar nach eigenen Aussagen nicht sehr erfolgreich ist, könnte das das Aus der ISS nach 2020 bedeuten. Wenn sich auch die Russen daraus zurückziehen, wird die ISS innerhalb eines Jahres in der Atmosphäre verglühen, weil weder die ESA allein noch zusammen mit anderen ISS-Partnern den Betrieb sicherstellen können, weder technologisch noch finanziell.

SO SCHEINT ES WEITERZUGEHEN ...

Damit scheint der Weg der Raumfahrt ab 2020 vorgezeichnet. Die NASA wird voraussichtlich in 2019 ihre neue Schwerlastrakete SLS zusammen mit der neuen (alten) Kapsel Orion (Apollo) auf einen ersten unbemannten Testflug EM-1 zum Mond schicken. Wahrscheinlich im Jahre 2023, also kurz bevor die ISS aufgegeben wird, wird es einen ersten bemannten Explorationsflug EM-2 zum Mond geben. Da die Europäer nichts Eigenständiges vorweisen können, müssen sie wohl oder übel bei den Amerikanern mitmachen. Das haben sie bereits wohlweislich, denn sie stellen bei Orion das Servicemodul, was ein Ableger ihres Versorgungsschiffes ATV ist, das 5-mal erfolgreich zur ISS flog. Ich denke, dabei wird es bleiben. Damit wird es so ähnlich laufen wie damals beim Shuttle, die ESA baute für das Shuttle das Spacelab und durfte dafür zu einem Sonderpreis ab und zu einmal beim Shuttle mitfliegen. Tauschhandel nennt man das. Man könnte auch Trittbrettfahren dazu sagen.

Die neue SLS-Rakete zusammen mit der Orion-Raumkapsel der NASA, die in den kommenden 2020er-Jahren zum Mond und und in den 2030er-Jahren zum Mars fliegen soll. (Bild: NASA)

Wenn die ISS weg ist, werden die Japaner, amerikatreu wie sie sind, wahrscheinlich auch irgendwie bei der Space Exploration mitmachen, obwohl sie sich dazu noch nicht geäußert haben. Für die Russen wird es eine Hängepartie. Denn durch die Ukraine-Krise und der Ankündigung, aus ISS auszusteigen und ihr eigenes Ding zu machen, haben sie sich ins Abseits gestellt. Ob sie ihre eigene Raumstation bauen, wage ich zu bezweifeln. So was ist ziemlich teuer. Russland als nur neuntgrößte Wirtschaftsnation würde es sehr schwerfallen, die allein zu stemmen.

UND DIE CHINESEN?

Derweil ziehen die Chinesen seit Jahrzehnten in der Raumfahrt ihr eigenes Ding durch. Sie haben inzwischen ihre eigene kleine Raumstation Tiangong-1. In den kommenden Jahren sollen es langsam größere werden, bis sie schließlich reif sind für einen bemannten Flug zum Mond (2025–2030). Eine bemannte Mars-Mission haben sie nach offizieller Bekundung für 2040–2060 ins Auge gefasst. Das ist genau der Zeithorizont, den die Amerikaner mit ihrer Space Exploration zum Mond und Mars auch im Sinn haben.

Es sieht also so aus, als gäbe es zwischen 2025 und 2045 ein interessantes Wettrennen zum Mond und zum Mars. Aus dem Wettrennen mit den Russen zum Mond wissen wir, dass das die faszinierendste Zeit der bisherigen Raumfahrt war. Denn gemeinsame Raumfahrt wie bei der ISS mag zwar edel sein, aber Wettkämpfe sind bekanntlich spannender und liefern allemal Höchstleistungen.

APHORISMEN DER RAUMFAHRT

37

Aphorismen sind kleine Sprachkunstwerke, die wichtige Gedanken oder Sachverhalte in wenigen Worten bestechend zusammenfassen. Hier meine kleine Sammlung zur Raumfahrt.

Sie kennen sicherlich diese Tageskalender, für jeden Tag ein Zettel, und auf der Rückseite steht irgendein mehr oder weniger intelligenter Spruch. In den 1960er- und 1970er-Jahren waren solche Kalender sehr beliebt. Im Jahre 1999 stieß ich beim Besuch der Süddeutschen Zeitung in München im Warteraum für Gäste auf so einen Kalender mit wirklich sehr schönen Lebensweisheiten. Von diesem Tag an begann ich, Aphorismen zu sammeln. Ich bin kein Freund von gereimten Sprichworten, da sie den Reim oft als Vehikel für ideologische Überzeugungen benutzen, wie etwa «Man ist, was man isst«. Solche Sprichworte verlieren sofort ihren

Reiz, wenn sie in eine andere Sprache übersetzt werden: »You are what you eat.« Aphorismen sind anders. Sie bestechen durch ihren Wortwitz und den Blick auf das Wesentliche. Manche gewinnen sogar bei Übersetzungen. Hier meine Sammlung der besten Aphorismen über die Raumfahrt und über Außerirdische.

Raumfahrt

»Per Aspera ad Astra«

(Deutsch: »Durch das Rauhe zu den Sternen«)

»God speed (you)«

Abschiedsgruß an startende Astronauten
(Deutsch: »Möge dir Gott Erfolg und Glück geben«, aus dem Mittelenglischen »God spede (you)« = »may God prosper (you)«

»Boy, what a ride!«

Allan Shepard, am 5. Mai 1961 nach seinem ersten bemannten amerikanischen Raumflug

»Failure is not an option.«

Gene Kranz (Mission Control von Mercury bis Saturn) zur Aufgabe, die Apollo-13-Mission zu retten

*»Space is like sex. If it's good, it's very good.
If it's bad, it's still pretty good.«*

Ulrich Walter frei nach Winston Churchill

*»Wer mit beiden Beinen auf der Erde
steht, kommt nicht vom Fleck.«*

Astronauten-Wahlspruch

»Es ist ein Privileg, auf der Erde gelebt zu haben, als die Menschheit sie erstmals verließ, und es ist bereits heute jemand unter uns, dessen Fußabdruck im Marsboden zurückbleiben wird. Ich erwarte den Tag, an dem das passieren wird.«

Christopher Riley, UK, in einem persönlichen Schreiben an Ulrich Walter

»Neugier, nichts als schiere Neugier!«

Mr. Spock auf die Frage, warum die Menschen trotz aller Gefahren in den Weltraum fliegen

»Weil er da ist!«

Die Antwort auf die Frage, warum wir in den Weltraum fliegen, in Anlehnung an die berühmte Antwort des Everest-Besteigers George Mallory auf die Frage, warum er den Mt. Everest bestiegen habe.

»Astronauten haben den Vorzug, ihren Frauen nichts mitbringen zu müssen.«

Robert Lembke (1913–1989), deutscher Journalist und Fernsehmoderator

»Bei der Eroberung des Weltraums sind zwei Probleme zu lösen: die Schwerkraft und der Papierkrieg. Mit der Schwerkraft wären wir fertiggeworden.«

Wernher von Braun (1912–1977)

»Der Mensch ist der beste Computer an Bord eines Raumschiffes und im Übrigen der einzige, der ohne besondere Kenntnisse in Serienproduktion hergestellt werden kann.«

Wernher von Braun zum Sinn bemannter Raumfahrt

»Technisch gehören wir zur Raumpatrouille, ethisch stecken wir noch in der Steinzeit.«

Ralph Boller, schweizer Autor

»Lasst uns Schiffe bauen und Segel setzen, die sich für den Himmelsäther eignen, und wir werden viele Menschen finden, die die großen leeren Räume nicht fürchten.«

Johannes Kepler, 1610

»Man wird sich unserer Zeit erinnern, weil wir als Erste Segel zu anderen Welten setzten.«

Carl Sagan, 1987

»WIR waren dort.«

Reaktion der Menschen auf die Tatsache, dass Astronauten den Mond betraten

»Bis zu den Grenzen des Universums sind es nur zwei Schritte – der Glaube und der Wille.«

Honoré de Balzac (1799–1850), französischer Schriftsteller

Außerirdische

»Manchmal glaube ich, dass wir im Universum allein sind, und manchmal glaube ich das Gegenteil. Doch die eine Vorstellung ist so atemberaubend wie die andere.«

Arthur C. Clarke (1917–2008), britischer Physiker und Science-Fiction-Schriftsteller (gemeinsames Drehbuch mit Stanley Kubrick zu 2001: Odyssee im Weltraum)

»Der beste Beweis dafür, dass es im Weltraum intelligentes Leben gibt, ist, dass noch keiner von denen mit uns Kontakt aufgenommen hat.«

Calvin zu Hobbes, Comicfiguren

»Die Außerirdischen spielen für uns die Rolle als Engel, als Vermittler zwischen der Menschheit und Gott, die uns verschlüsselte Wege zu okkultem Wissen über das Universum und die menschliche Existenz weisen.«

Paul Davies in seinem Buch »Sind wir allein im Universum?«

»UFOlogie ist die Mythologie des Weltraumzeitalters.«

Robert Todd Carroll, Professor für Philosophie, Sacramento City College, Kalifornien

»Im tiefsten Sinne ist die Suche nach außerirdischer Intelligenz eine Suche nach uns selbst.«

Carl Sagan

ÜBER DEN AUTOR

Univ.-Prof. Prof. h.c. Dr. rer. nat. Dr. h.c. Ulrich Walter ist Diplom-Physiker, Wissenschafts-Astronaut und Ordinarius für Raumfahrttechnik an der Technischen Elite-Universität München.

Walter flog zusammen mit sechs anderen Astronauten im April 1993 an Bord des Shuttles Columbia für zehn Tage ins All, um im Weltraumlabor rund 90 Experimente durchzuführen, wobei die meisten aus den Sparten Biologie und Materialwissenschaften stammten.

Seit März 2003 leitet er den Lehrstuhl für Raumfahrttechnik an der Technischen Universität München und lehrt und forscht im Bereich Raumfahrttechnologie und Systemtechnik.

Seine Schwerpunkte sind Echtzeit-Robotik im Weltraum, Intersatelliten-Kommunikations-Technologien und Technologien für planetare Erkundungen. Er wurde bundesweit zum Professor des Jahres 2008 in der Kategorie Ingenieurwissenschaften und Informatik gewählt.

IM HÖRSAAL MIT PROF. LESCH

- Was war die Ursache für die Entstehung des Universums?
- Wie ist die Wissenschaft eigentlich auf die Idee gekommen, dass das Universum einen Anfang gehabt hat?
- Und warum hat die Physik bis heute keine Antwort darauf, was vor dem Urknall gewesen ist?

Der Astrophysiker Harald Lesch nimmt seine Leser mit auf eine Reise durch die Welt der dunklen Materie und Energie, der Schwarzen Löcher und der Inseln des Lichts bis hin zum Tanz der Galaxien. Darüber hinaus stellt er als Naturphilosoph die Grundfrage: » Was ist überhaupt die Welt? «.

- *Unterhaltsame Einblicke in das Weltall*
- *Lesch veranschaulicht die revolutionärsten Theorien*

256 Seiten

ISBN: 978-3-8312-0445-8

€ 14,99

KOMPLETTMEDIA